新媒体·新传播·新运营 系列丛书

U0265303

Premiere
短视频制作

| 第 2 版 | 全彩慕课版 |

赵瑜　冯娜◎主编

戎钰　王沛然◎副主编

New Media

人民邮电出版社

北　京

图书在版编目（CIP）数据

Premiere 短视频制作 ：全彩慕课版 / 赵瑜，冯娜主编. -- 2 版. -- 北京 ：人民邮电出版社，2025.
（新媒体·新传播·新运营系列丛书）. -- ISBN 978-7-115-65754-1

Ⅰ. TP317.53

中国国家版本馆 CIP 数据核字第 2024EB8100 号

内 容 提 要

本书立足于行业应用，以应用为主线，以技能为核心，将 Premiere 的核心功能与短视频剪辑中的各种效果相结合，系统地讲解使用 Premiere 制作短视频的基础操作与关键技法。本书共 9 个项目，主要内容包括初识短视频剪辑、Premiere 短视频剪辑快速上手、短视频技巧性剪辑、短视频转场特效的制作、短视频调色、短视频音频剪辑与调整、使用 After Effects 制作短视频特效、短视频字幕的添加与编辑，以及短视频剪辑综合实训案例。

本书内容翔实、案例丰富，既可作为高等院校相关专业短视频剪辑与制作课程的教材，也可作为短视频剪辑从业人员和广大爱好者的参考书。

◆ 主　编　赵　瑜　冯　娜
　　副主编　戎　钰　王沛然
　　责任编辑　连震月
　　责任印制　王　郁　彭志环
◆ 人民邮电出版社出版发行　　北京市丰台区成寿寺路 11 号
　邮编　100164　　电子邮件　315@ptpress.com.cn
　网址　https://www.ptpress.com.cn
　中国电影出版社印刷厂印刷
◆ 开本：700×1000　1/16
　印张：14　　　　　　　　　　2025 年 1 月第 2 版
　字数：323 千字　　　　　　　2025 年 1 月北京第 1 次印刷

定价：69.80 元

读者服务热线：(010)81055256　印装质量热线：(010)81055316
反盗版热线：(010)81055315
广告经营许可证：京东市监广登字 20170147 号

前言 |
Preface

在数字媒体时代，短视频以其独特的优势与魅力，有机地将社交、移动网络和碎片化信息集于一身，成为抢占移动互联网流量的重要入口。随着短视频行业的快速发展和高度渗透，越来越多的创作人才涌入短视频内容制作领域，短视频作品的质量也不断提高。

Premiere是一款专业的非线性视频编辑软件，广泛应用于电影、电视节目、广告和视频制作。它拥有强大的视频编辑功能，如多轨编辑、特效制作、颜色校正、音频处理、高级图形和动画制作等，不仅能够满足专业视频剪辑人员的创作需求，还能帮助初学者制作出短小精悍、别具一格、具有电影大片感的短视频作品。

After Effects是一款擅长特效合成的视频编辑软件，主要用于创建动态图形和视觉特效，是当前视频特效制作必不可少的工具。Premiere和After Effects可以说是PC端短视频后期制作的黄金搭档，因此本书也会对After Effects特效制作进行简单介绍。

党的二十大报告指出："必须坚持科技是第一生产力、人才是第一资源、创新是第一动力，深入实施科教兴国战略、人才强国战略、创新驱动发展战略，开辟发展新领域新赛道，不断塑造发展新动能新优势。"为了紧跟短视频行业发展，培养出更多、更优秀的短视频创作人才，我们结合行业发展形势和一线教师的反馈意见，在保留上一版教材特色的基础上，对本书进行了全新改版。

本次改版主要修订的内容如下。

● 结合短视频领域的发展与变化，对原书过时的知识与案例进行了全面更新，课程内容更加新颖，案例效果更加专业，操作讲解更加透彻。

● 将本书的体例形式调整为项目—任务式，以项目引领任务驱动教学，从而有效提升学生的学习兴趣，使其积极、主动地参与到项目中，培养学生的实践能力和创新能力。

与第1版相比，本书内容更加深入浅出，注重理论与实践的结合，更有利于教师的课堂教学和学生对知识的吸收。

本书主要具有以下特色。

● 强化应用、注重技能。本书立足于Premiere短视频制作实际应用，突出"以应用为主线，以技能为核心"的编写特点，体现了"导教相融、学做合一"的教学思想。

● 案例主导、学以致用。本书囊括大量Premiere短视频制作的精彩案例，并详细讲解案例的操作过程，读者通过案例演练能够达到一学即会、触类旁通的学习效果。

前言
Preface

    ● 项目教学、资源丰富。本书采用项目—任务式的体例形式，更加注重知识的实践性、操作性和应用性，更加符合当前高校课堂教学需求。同时，本书还提供丰富的慕课视频、PPT、教案、教学大纲、案例素材等立体化配套资源。选书老师可以登录人邮教育社区（www.ryjiaoyu.com）下载并获取相关教学资源。

    本书由赵瑜和冯娜担任主编，由戎钰和王沛然担任副主编。尽管我们在编写过程中力求准确、完善，但书中难免有疏漏与不妥之处，恳请广大读者批评指正。

编　者

2024年7月

目录

Contents

目录
_ Contents

目录
Contents

目录
Contents

项目一
初识短视频剪辑

【学习目标】

知识目标	了解短视频的特点和类型； 掌握短视频剪辑节奏的类型； 掌握短视频剪辑的工作内容
核心技能	能够识别短视频的类型； 能够识别短视频的剪辑节奏
素养目标	坚持正确的短视频创作导向，积极弘扬正能量； 学会守正创新，能够在不断积累经验的基础上进行创新

【内容体系】

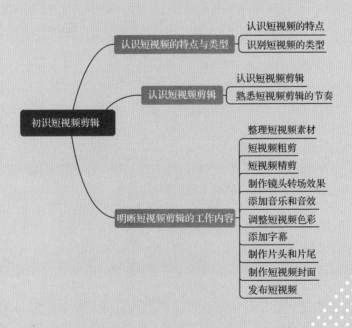

【项目导语】

新媒体时代，短视频具有更灵活的观看场景、更大的信息密度、更强的传播和社交属性、更低的观看门槛，因此其娱乐价值与营销价值得到人们的广泛认可。短视频的制作不仅包括前期拍摄，还包括后期剪辑，只有经过合理的剪辑处理，才能制作出高质量、高水平的短视频作品。

任务一　认识短视频的特点与类型

随着移动互联网的普及，人们的网络行为习惯发生了变化，呈现出时间碎片化和社交媒介化的特点。人们喜欢获取具有即时性、短小精悍的信息，这正好与短视频的特点相契合。如今，短视频已经成为巨大的流量入口，人们拍摄短视频的热情也在逐渐高涨。在学习制作短视频之前，我们首先要了解短视频的特点和类型。

↘ 一、认识短视频的特点

与传统视频相比，短视频具有以下特点。

1. 短小精悍，内容丰富

短视频的时长一般在15秒到5分钟之间，短小精悍，注重在前几秒就抓住用户的注意力，所以节奏很快，内容紧凑、充实，方便用户直观地接收信息，符合碎片化时代的用户习惯。另外，短视频的内容题材丰富多样，有知识科普、幽默搞笑、时尚潮流、社会热点、广告创意、商业推广、街头采访、历史文化等题材，整体上以娱乐性见长。

2. 制作简单，形式多元

不同于电视等传统视频广告，短视频在制作、上传和推广等方面有很强的便利性，门槛和成本较低。创作者可以制作充满个性和创造力的短视频作品，以此来表达个人的想法和创意，作品呈现出多元化的表现形式。例如，运用具有动感的转场效果和节奏，加入幽默搞笑的内容，或者进行解说和评论等，让短视频变得更加新颖，极具个性。

3. 传播迅速，交互性强

短视频不只是微型的视频，它还带有社交元素，是一种信息传递的新方式。创作者在制作完短视频后，可以将短视频实时分享到社交平台，引导热门话题讨论，设置话题讨论的形式。短视频的发布提高了用户在社交网络上的参与感和互动感，满足了用户的社交需求，所以短视频很容易实现裂变式传播。

4. 精准营销，高效销售

短视频具有指向性优势，可以帮助企业准确地找到目标用户，从而实现精准营销。短视频平台通常会设置搜索框，对搜索引擎进行优化，目标用户在短视频平台搜索关键词时会使短视频营销更加精准。短视频在用于营销时，要做到内容丰富多样、商品价值高、观赏性强，只有符合这些标准，才能在最大限度上激发用户的兴趣，使用户产生购物的欲望。

另外，创作者可以在短视频中添加商品链接，用户可以一边观看短视频，一边购买想要的商品。商品链接一般放置在短视频播放界面的下方，用户可以一键购买。

二、识别短视频的类型

根据内容的不同，短视频可以分为搞笑类、美食类、美妆类、治愈类、知识类、生活类、才艺类、文化类等。

1. 搞笑类

搞笑类短视频迎合了当下大众的心理需求，人们观看短视频大多也是为了放松心情。当人们从短视频中发现有趣的内容时，就会发自内心地开心。碎片化的搞笑内容满足了人们休闲娱乐、放松身心的需求，所以这类内容是短视频市场中的主要内容类型之一，如图1-1所示。

2. 美食类

"民以食为天"，"吃"在人们的生活中占据着非常重要的位置。美食承载了人们丰富的情感，如对家乡的眷恋、对亲情的回忆、对幸福的感受等，所以美食类短视频不仅能让人身心愉悦，还会让人产生情感共鸣。

我国拥有丰富的菜系和数不清的民间传统美食。通过制作美食、探店或展示美食等形式的短视频，短视频创作者不仅可以为用户带来极致的视觉享受和味觉想象，还可以教授用户烹饪技巧，传播美食文化，引起用户的情感共鸣。美食类短视频如图1-2所示。

图1-1　搞笑类短视频

图1-2　美食类短视频

3. 美妆类

美妆类短视频的主要目标受众是追求美、向往美的女性用户，她们观看短视频的目的是学习化妆技巧，发现好用的美妆产品。美妆类短视频主要有"种草"测评、"好物"推荐、妆容教学等形式。在这些短视频中，出镜人物尤为关键，她们要以真实的人设为产品背书，要在用户心中建立信任感，同时要具备独特的性格特质和人格魅力。美妆类短视频如图1-3所示。

4. 治愈类

萌系宠物、亲子日常等治愈类短视频也十分受大众欢迎。对有孩子、有宠物的用户来说，这类短视频会让他们产生亲切感和情感共鸣；而对没有孩子和宠物的用户来说，这类短视频可以给他们提供"云养娃""云养猫"的机会，用可爱的孩子、宠物放松用户的心情，缓解用户的疲惫。治愈类短视频如图1-4所示。

图1-3　美妆类短视频　　　　　图1-4　治愈类短视频

5. 知识类

如今，知识类短视频逐渐成为各大短视频平台争夺的资源，知乎、哔哩哔哩、西瓜视频都对知识类创作者投入资源进行扶持。对用户来说，观看知识类短视频不失为一种获取知识的好方法。有的用户把它作为某一领域补充学习的参考，有的用户把它作为获取知识的主要渠道之一，还有用户把它作为在某个领域学习入门的方式。

知识类短视频创作门槛较高，需要创作者有一定的知识储备。创作者在写文案前要充分查阅相关资料，不能为了赚取流量而输出不正确或不符合实际的内容。知识类短视频如图1-5所示。

6. 生活类

生活类短视频的内容主要分为两种：一种是生活技巧，主要展示如何解决生活中遇到的各种问题，这类短视频要以实际的操作过程为拍摄对象，以便用户跟着短视频进行实际操作，最终解决问题；另一种是Vlog，主要展示个人的生活风采或生活见闻，既满足了用户探究他人生活的好奇心，也开拓了用户的眼界。生活类短视频如图1-6所示。

图1-5　知识类短视频　　　　　　图1-6　生活类短视频

7. 才艺类

网络上有很多具有特殊才艺的人，他们身怀绝技，能够吸引用户的注意力，满足用户的好奇心。才艺包括唱歌、跳舞、乐器演奏、相声表演、脱口秀、书法、口技、手工等。

要想让用户赞叹和佩服，创作者要做到专业，要么让用户觉得从来没有见过，要么让用户觉得自己很难做到，满足其中一点才有可能获得用户的点赞与支持。才艺类短视频如图1-7所示。

图1-7　才艺类短视频

8．文化类

优秀的传统文化一直备受人们的推崇，所以很多短视频创作者纷纷跟上这种潮流，让传统文化以崭新的面貌展示在人们面前。在文化类短视频中，比较常见的传统文化包括书画、戏曲、传统工艺、武术、民乐等。文化类短视频如图1-8所示。

图1-8　文化类短视频

任务二　认识短视频剪辑

短视频的创作流程包括产生创意、撰写文案（脚本）、拍摄视频、后期剪辑和输出成片。其中，拍摄视频是获取作品素材的重要步骤，然而仅完成拍摄并不能使短视频创作一步到位，还要通过后期剪辑来对各种短视频素材进行精剪、重组与润色，从而形成完整的短视频作品。

一、认识短视频剪辑

短视频剪辑是短视频制作的关键环节，它不只是把某个视频素材剪成多个片段，更重要的是把这些片段完美地整合在一起，以突出短视频的主题，使短视频结构严谨、风格鲜明。短视频剪辑在一定程度上决定着短视频作品的质量，是短视频内容的再次升华，可以影响短视频的叙事、节奏与情绪。

短视频剪辑的"剪"和"辑"是相辅相成的，两者不可分离。短视频剪辑的本质是对短视频中的关键动作和场景进行分解，然后将这些片段有逻辑地组合起来，形成连贯的蒙太奇效果，以表现故事情节，完成内容叙述。

蒙太奇源自法语Montage，意为"剪接"，是电影的重要表现方法之一。在短视频领域，蒙太奇是指对短视频的画面或声音进行组接，以完成叙事、创造节奏、营造氛围、刻画情绪等。蒙太奇分为叙事蒙太奇和表现蒙太奇，其中叙事蒙太奇又分为连续蒙太奇、平行蒙太奇、交叉蒙太奇、重复蒙太奇等，表现蒙太奇又分为对比蒙太奇、隐喻蒙太奇、心理蒙太奇、抒情蒙太奇等。

二、熟悉短视频剪辑的节奏

短视频剪辑的节奏对短视频作品的叙事方式和视觉效果有重要的影响，它可以推动短视频的情节发展。目前，比较常见的短视频剪辑节奏分为以下5种。

1．静接静

静接静是指一个动作结束时，另一个动作以静止的形式切入，即上一帧结束在静止的画面，下一帧开始于静止的画面。

静接静还包括场景转换和镜头组接等，要注重镜头的连贯性。例如，甲听到乙在背后叫他，甲转身观望，下一个镜头如果是乙在原地站着不动，镜头就应在甲转身看向乙的姿态稳定以后转换，这样才不会破坏这一情节的外部节奏。

2．动接动

动接动是指在镜头运动中通过推、拉、移等动作进行主体物的切换，按照一定的方向或速度进行镜头组接，以产生动感效果。例如，上一个镜头是行进中的火车，下一个镜头如果接沿路的景物，就要组接与火车车速一致的运动景物，这样才符合用户的视觉心理要求。

3．静接动或动接静

静接动是指将静止的镜头与动感明显的镜头进行组接，可以在节奏和视觉上产生强烈的推动感。如果是剧情类视频，这种组接方式可以推动剧情的发展，一般前面的静止画面中蕴藏着强烈的内在情绪。

动接静与静接动正好相反，可以产生抑扬顿挫的画面感。这种动与静的明显对比是对情绪和节奏的变格处理，可以使前后两个镜头在情绪和气氛上产生强烈对比。

4．分剪

分剪是指将一个镜头剪开，分成多个部分，这样不仅可以解决前期拍摄素材不足的问题，还可以剪掉画面中卡顿、忘词等废弃镜头，增强画面的节奏感。

分剪有时是有意重复使用某一镜头，以表现某一人物的情思；有时是为了强调某一画面特有的象征性含义，以引人深思；有时是为了首尾呼应，在艺术结构上给人以严谨、完整的感觉。

5．拼剪

拼剪是指将同一个镜头重复拼接，一般用于镜头时长不够或缺失素材等情况，这样做可以弥补前期拍摄的不足，具有延长镜头时间、酝酿用户情绪的作用。

> 📖 **课堂拓展**
>
> 剪辑衔接点的选取直接关系到短视频的节奏感。在剪辑过程中，选择不同的剪辑衔接点，可以营造出不同的节奏效果。剪辑衔接点主要分为以下几种类型。

（1）动作剪辑点

动作剪辑点分为3类：一是动作中途剪辑，即在视频中的人/物/场景动作还未结束时就剪辑，衔接的视频要与动作连贯或相似；二是出画入画，即视频中的人/物/场景的画面一出现就剪辑，下一个画面出现时再剪辑，并对每个镜头进行衔接；三是组合动作，从人/物/场景的重要停顿点衔接到下一个镜头。

（2）情绪剪辑点

情绪慢慢积累到暴发的时刻需要剪辑；情绪相似的不同镜头可以作为剪辑的关键节点，使镜头流畅过渡；人/物/场景中情绪最丰富的镜头可以作为剪辑点，这时人物的情绪往往也处于暴发点；烘托、强化整体视频的情绪镜头可以作为剪辑点。

（3）节奏剪辑点

从音乐入手，用具有强烈节奏感的音乐进行画面镜头的衔接，常见的有卡点视频。

任务三　明晰短视频剪辑的工作内容

要想制作出优秀的短视频作品，短视频剪辑是必不可少的环节。短视频剪辑不是一步到位，需要经过多个环节，涉及大量工作。短视频剪辑的工作内容大致如下：整理视频素材、视频粗剪、视频精剪、制作镜头转场效果、添加音乐和音效、调整视频色彩、添加字幕、制作片头和片尾、制作短视频封面，以及发布短视频。

↘ 一、整理短视频素材

对前期拍摄的短视频素材进行整理十分重要，可以提高后期剪辑效率。通常前期拍摄人员会分段进行拍摄，拍摄完成后会把所有素材浏览一遍，以熟悉拍摄的内容，然后留下可用的素材文件，并添加标记，以便二次查找。

剪辑人员可以按照脚本、景别、角色等对素材进行分类排序，将同属性的素材文件放在一起。整齐有序的素材文件可以提高剪辑效率和作品质量，凸显剪辑人员的专业性。

↘ 二、短视频粗剪

短视频粗剪又称短视频初剪，是指将整理后的短视频素材按照脚本进行归纳、拼接，删除无用的部分，挑选出内容合适、完成度较高的片段，并按照短视频的中心思想、叙事逻辑逐步剪辑，从而粗略剪辑出无配乐、旁白、特效的短视频初样。剪辑人员可在短视频初样的基础上逐步完善短视频作品。

↘ 三、短视频精剪

短视频精剪是短视频剪辑中最重要的一道剪辑工序，是在短视频粗剪的基础上进行的剪辑操作。剪辑人员要仔细分析、反复观看短视频初样，并精心调整相关画面，包括剪辑点的选择、画面的长度处理、短视频节奏的把控、被摄主体形象的塑造等。短视频精剪往往会花费大量的时间，是决定短视频作品质量的关键步骤。

四、制作镜头转场效果

短视频中的转场镜头非常重要，起着划分层次、连接场景、转换时空、承上启下的作用。合理地利用转场镜头不仅可以满足用户的视觉心理需求，保证其视觉的连贯性，还可以使短视频具有明确的段落变化和层次分明的效果。

常用的短视频镜头转场效果有以下几种。

1. 切换

切换是短视频制作中运用得最多的一种基本的镜头转换效果，也是常用的剪辑组接技巧，是内容衔接的重要途径。在切换镜头时，剪辑人员要找好镜头之间的剪辑点，使其符合镜头组接原则。

2. 运动转场

运动转场以人物、动物或交通工具等作为场景转换的基础。这种转场效果大多强调前后段落的内在关联性，可以通过拍摄设备的运动来完成地点的转换，也可通过前后镜头中人物、动物、交通工具等的动作相似性来转换场景。

3. 相似关联物转场

相似关联物转场是指前后镜头中具有相同或相似的被摄主体形象，如形状相近、位置重合，或者在运动方向、速度、色彩等方面具有相似性，剪辑人员可以利用这种转场镜头使短视频产生视觉连续、转场流畅的效果。

4. 特写转场

无论前一个镜头展现的是什么，后一个镜头都可以组接特写镜头，以强调画面细节，对局部进行突出强调和放大。特写转场也称"万能镜头""视觉的重音"，如图1-9所示。特写转场可以暂时吸引用户的注意力，从而在一定程度上弱化时空或段落转换过程中用户的视觉跳动。

5. 空镜头转场

空镜头转场是指利用景物镜头进行过渡，从而实现间隔转场。例如，用群山、乡村全景、田野、广阔的天空等空镜头转场可以展示不同的地理环境、景物风貌，表现时间和季节的变化，并为情绪表达提供空间，同时可以使饱满的情绪得以缓和或平息，从而转入下一段落，如图1-10所示。

图1-9 特写转场　　　　　　　　图1-10 空镜头转场

6. 主观镜头转场

主观镜头是指与画面中人物的视觉方向相同的镜头。主观镜头转场是指按照前后镜头间的逻辑关系来进行镜头转换，可用于大时空的转换。例如，前一个镜头中人物抬头凝望，后一个镜头可以是仰拍的场景，如高耸的建筑、天空中的飞机、天上的月亮等。

7. 声音转场

声音转场是指通过音乐、音效、解说词、对白等与画面的配合实现转场。声音转场主要有以下几种方式。

（1）利用声音自然地转换到下一个段落，主要包括声音的延续、声音的提前进入、前后段落声音相似部分的叠化，可以起到弱化画面转换、段落变化时的视觉跳动的作用。

（2）利用声音的呼应关系实现时空的大幅度转换。

（3）利用前后声音的反差加大段落间隔，增强节奏感，表现为声音戛然而止，镜头转换到下一个段落，或者下一个段落的声音突然增大，利用声音吸引用户关注下一个段落。

8. 遮挡镜头转场

遮挡镜头又称挡黑镜头，是指镜头被画面内的某个形象暂时挡住。根据遮挡方式的不同，遮挡镜头转场又可分为以下两种情形。

（1）被摄主体迎面而来遮挡镜头，形成暂时的黑色画面。例如，上一个镜头是在甲地点的被摄主体迎面而来遮挡镜头，下一个镜头是被摄主体背朝镜头而去，到达乙地点。被摄主体遮挡镜头通常能够给用户较强的视觉冲击，同时制造视觉悬念，加快短视频的叙事节奏。

（2）画面内的前景暂时挡住画面内的其他形象，成为覆盖画面的唯一形象。例如，在拍摄街道时，前景闪过的汽车会在某一时刻挡住其他形象。当画面形象被遮挡时，可以作为镜头切换点，以表现时间、地点的变化等。

↘ 五、添加音乐和音效

在后期剪辑的过程中，剪辑人员要选择与短视频内容相匹配的音乐和音效，以调动用户的情绪。添加音乐和音效需要遵循以下原则。

1. 符合短视频的风格

不同类型的短视频的主题和想要传达的情感有很大不同，所以剪辑人员在添加音乐和音效时要选择与短视频内容的风格、调性一致的音乐和音效。例如，如果是时尚潮流类型的短视频，就要选择流行和快节奏的音乐；如果是育儿和家庭生活类型的短视频，最好选择轻音乐作为背景音乐。

2. 音乐节奏要与画面节奏相匹配

大部分短视频的节奏和情绪是由音乐和音效带动的，所以视频画面的节奏与音乐和音效的节奏匹配度越高，短视频整体就越和谐，越容易使用户产生代入感。因此，剪辑人员在为短视频添加音乐和音效之前，要对短视频的整体节奏有准确的把握，明确短视频的高潮、转折点在哪里，知道在哪里切入音乐和音效，哪里只需要短视频原声。剪辑人员还要熟悉音乐和音效的节奏，将音乐和音效与短视频内容对应，使两者在节奏上相互配合。

3. 避免音乐和音效喧宾夺主

音乐和音效是为短视频内容服务的，所以不能喧宾夺主，而要与短视频融为一体，在短视频中起到画龙点睛的作用，突出短视频的主题。这样做可以积极调动用户的情绪，使用户沉浸其中。

六、调整短视频色彩

在短视频的表达语言中，画面是最重要的基本元素。创作者要想制作出优秀的短视频，就需要精心调整画面的色调、构图、曝光和视角等细节。

在前期拍摄过程中，画面以中性的标准基色为主。前期拍摄时，拍摄人员主要控制画面的曝光、白平衡、构图、视角、运动等基本指标，往往不会对色调进行调整。这是因为不同的画面素材在后期可能会用在不同的场景中，前期无法得知后期处理的所有要求和操作，所以前期拍摄更重要的是把握好构图、曝光等，而在色调方面，只要提供准确的白平衡参数即可。

前期素材拍摄完毕后，进入后期剪辑。剪辑人员会按照短视频创作者的意图，根据内容风格确定色调风格，对前期素材进行一级和二级校色。图1-11所示为美食素材调色前后的对比效果。

图1-11 美食素材调色前后的对比效果

七、添加字幕

添加字幕可以使用户更好地理解短视频要表达的信息，给用户带来更好的观看体验。如果不为短视频添加字幕，可能会影响用户理解短视频内容，用户很有可能立刻划走，从而降低短视频的完播率。

在添加字幕时，剪辑人员要使用合适的字体，并把字幕调整到合适的位置，使其不遮挡画面主要内容。为了提升短视频的画面效果，剪辑人员可以利用Premiere等工具制作字幕特效，如打字机效果、镂空文字效果、信号干扰标题文字效果等。

八、制作片头和片尾

短视频的片头一般拥有极具感染力的画面效果，短短几秒就可以完美展现短视频的风格，起到快速吸引用户眼球的作用。固定的片头经过多次曝光，其品牌标志（Logo）会逐渐深入用户心中，从而强化知识产权（Intellectual Property，IP）在用户心中的印象。因此，剪辑人员要精心制作短视频片头，并注意保持与竞争者的显著差异。

短视频片尾也可以起到加强用户印象的作用。剪辑人员在片尾添加品牌Logo或重要信息，有利于品牌形象的传播，从而提升品牌认知度，增加短视频的关注量和流量。片尾尽量不要添加过多的信息，不要过于凌乱；可以强调色彩，以便快速抓住用户的眼球，加深其对短视频的印象；也可以用动感物体引导用户关注画面上的重要信息。

九、制作短视频封面

短视频封面对于账号流量的吸取有非常重要的作用，封面会直接影响短视频的推荐量和播放量。当用户点击进入账号主页后，亮眼的短视频封面可以吸引用户"驻足"观看，也能加强用户对账号的整体印象。

在制作短视频封面时，剪辑人员需要遵循以下原则。

1. 封面图要清晰

短视频封面要足够清晰，不能模糊不清。如果封面太模糊或颜色很暗，就很难向用户传递信息，更不会让用户产生点击观看的欲望。

2. 封面图要与标题密切相关

短视频封面不能是随意选取的一张视频截图，而要与标题相关联，能够突出重点。如果剪辑人员随意选取封面，很容易影响用户对短视频内容的判断，从而造成用户流失。

3. 封面图层次分明

短视频封面要层次分明，视频中的主要画面与标题同样重要，主要画面不要盖住标题，标题也不要遮挡主要画面，两者要做到互不干涉，各自发挥作用。

4. 突出视频重点

短视频封面要突出视频重点，不要出现过多的人和事物，不要误以为"人和事物越多，信息量就越大"。在封面中有全身人物形象出现时，人物要尽可能处于醒目的位置，文字也是如此，从而让用户快速找到重点。

十、发布短视频

短视频作品制作完成、保存并转存为特定的格式后，就可以发布到相应的短视频平台上。目前，主流的短视频平台有抖音、快手、哔哩哔哩、好看视频、西瓜视频、微信视频号等，部分自媒体平台（如微信公众号、微博、小红书等）也支持发布短视频。

为了提高短视频的知名度和收益，创作者可以选择多平台发布，但在不同的平台上发布短视频时可能需要对短视频进行适当的调整，以符合平台规则和调性，这样有利于增加短视频的流量。

项目实训

1. 在各大短视频平台上搜索热门的短视频作品，分析不同平台的热门短视频内容类型有何侧重。

2. 在短视频平台上搜集并观看热门短视频，分析这些短视频的剪辑节奏，并总结其中出现的镜头转场效果。

项目二
Premiere 短视频剪辑快速上手

【学习目标】

知识目标	掌握Premiere短视频剪辑的基本操作； 掌握设置短视频版面的方法
核心技能	能够对短视频素材进行粗剪和精剪； 能够制作运动动画、设置短视频不透明度、控制短视频变速； 能够添加与编辑短视频效果； 能够制作竖版短视频、电影遮幅、分屏多画面等效果
素养目标	勤于实践，敢于实践，将实践作为素养提升的最优方式； 培养工匠精神，在剪辑短视频时静心专注、精益求精

【内容体系】

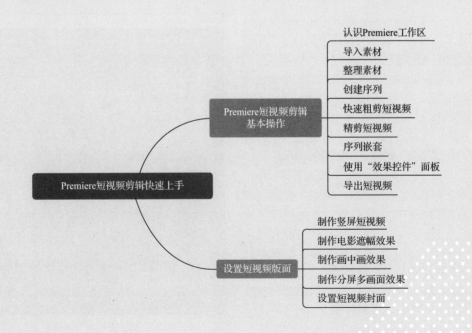

【项目导语】

Premiere 作为一款流行的非线性视频编辑处理软件，在短视频后期制作领域应用非常广泛。它拥有强大的视频编辑能力和灵活性，易学且高效，创作自由度高。本项目将介绍 Premiere 短视频剪辑入门知识，包括 Premiere 短视频剪辑基本操作与短视频版面设置。

任务一　Premiere短视频剪辑基本操作

本任务将介绍使用Premiere剪辑短视频的基本操作，包括认识Premiere工作区、导入素材、整理素材、创建序列、快速粗剪短视频、精剪视频剪辑、序列嵌套、使用"效果控件"面板，以及导出短视频等。

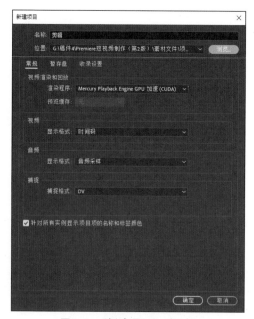

效果——
Premiere 短视频
剪辑基本操作

↘ 一、认识Premiere工作区

熟悉Premiere工作区是进行视频剪辑的基础，有助于提高剪辑效率。下面将介绍如何在Premiere Pro CC 2019中新建项目，以及Premiere工作区常用面板的功能。

1. 新建项目

使用Premiere剪辑短视频时要先创建项目文件，项目文件用于保存序列和与资源有关的信息。

在Premiere Pro CC 2019中新建项目的方法如下：启动Premiere Pro CC 2019，选择"文件"|"新建"|"项目"命令，或按【Ctrl+Alt+N】组合键，打开"新建项目"对话框，如图2-1所示。

在"名称"文本框中输入项目名称，单击"位置"右侧的"浏览"按钮，设置项目文件的保存位置，然后单击"确定"按钮，系统将新建一个项目文件，并在标题栏中显示文件的路径和名称，如图2-2所示。若要关闭项目文件，可以选择"文件"|"关闭项目"命令，或按【Ctrl+Shift+W】组合键。

图2-1　"新建项目"对话框

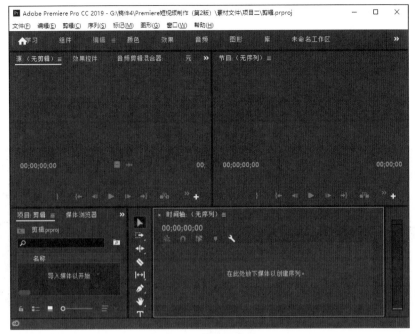

图2-2　新项目窗口

2. 认识工作区

Premiere提供了多种工作区布局，包括"组件""编辑""颜色""效果""音频""图形"等工作区。根据剪辑需求的不同，每种工作区对工作面板进行了不同的设定和排布。

Premiere默认的工作区为"编辑"工作区，工作区布局如图2-3所示。如果"编辑"工作区的布局经过用户手动调整或工作区显示不正常，可以在窗口上方用鼠标右键单击"编辑"标签，选择"重置为已保存的布局"命令，也可选择"窗口"|"工作区"|"重置为保存的布局"命令使工作区恢复原样。在Premiere工作区中单击面板，面板就会显示蓝色高亮的边框，表示当前面板处于活动状态。当显示多个面板时，只有一个面板处于活动状态。

图2-3　"编辑"工作区

15

（1）"项目"面板

"项目"面板用于存放导入的素材，素材类型可以是视频、音频、图片等。单击"项目"面板左下方的"图标视图"按钮█，切换到图标视图，在该视图下可以预览素材信息。拖动视频素材缩略图下方的播放指示器，可以向前或向后播放视频，如图2-4所示。

单击"项目"面板右下方的"新建项"按钮█，在弹出的列表中可以选择"序列""调整图层""黑场视频""颜色遮罩"等选项，如图2-5所示。

图2-4　"项目"面板　　　　　　　　　图2-5　单击"新建项"按钮

（2）"源"面板

双击"项目"面板中的视频素材，可以在"源"面板中预览视频素材，如图2-6所示。在预览视频素材时，按【←】或【→】键，可以后退或前进一帧。按【L】键，可以播放视频。按【K】键，可以暂停播放。按【J】键，可以倒放视频。多次按【L】键或【J】键，可以对视频执行快进或快退操作。按空格键，可以播放或暂停播放视频。

图2-6　"源"面板

单击"选择回放分辨率"下拉按钮█，会弹出不同等级的分辨率调整数值下拉列表。当预览视频发生卡顿时可以在其中选择不同的分辨率数值，以流畅地预览视频内容。

　　单击面板下方工具栏中的按钮可以对视频素材执行相关操作，如添加标记、标记入点、标记出点、转到入点、后退一帧、播放/停止、前进一帧、转到出点、插入、覆盖、导出帧等。

　　单击右下方的"按钮编辑器"按钮✚，在弹出的面板中可以管理工具栏中的按钮。若要在工具栏中添加按钮，可以将按钮从面板拖入工具栏；若要清除工具栏中的按钮，可以将按钮拖出工具栏，如图2-7所示。在"源"面板中单击鼠标右键，在弹出的快捷菜单中也可以对视频素材进行相关操作。

图2-7　管理工具栏中的按钮

（3）时间轴面板

　　时间轴面板用于进行视频剪辑，视频剪辑过程中的大部分工作是在时间轴面板中完成的。剪辑轨道分为视频轨道和音频轨道，视频轨道的表示方式是V1、V2、V3……音频轨道的表示方式是A1、A2、A3……双击轨道头部还可以将轨道展开，以预览素材或进行效果调整，如图2-8所示。

　　用户可以添加多轨视频，如果需要增加轨道数量，可以在轨道的空白处单击鼠标右键，选择"添加轨道"命令，在弹出的"添加轨道"对话框中设置添加轨道的数量，如图2-9所示。音频轨道的添加与视频轨道的添加方式相同，当音频轨道中有多个音频时，它们将同时播放。

图2-8　时间轴面板

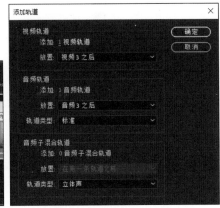

图2-9　"添加轨道"对话框

（4）"节目"面板

工作区右上方为"节目"面板，用于预览输出成片的序列，该面板左上方显示了当前序列的名称，如图2-10所示。

（5）工具面板

工具面板（见图2-11）主要用于编辑时间轴面板中的素材。下面对常用的剪辑工具的功能进行简要介绍。

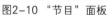

图2-10 "节目"面板

图2-11 工具面板

● 选择工具▶：该工具用于选择时间轴轨道上的素材，按住【Shift】键的同时可以对素材进行多选。

● 向前选择轨道工具▦/向后选择轨道工具▦：这两个工具用于选择箭头方向上的全部素材，以进行整体内容的位置调整。

● 波纹编辑工具◀▶：使用该工具可以调节素材的长度。将素材的长度缩短或拉长时，素材后方的所有素材会自动跟进。

● 滚动编辑工具▦：该工具用于修剪相邻素材的剪辑点，不会对其他素材造成影响。

● 比率拉伸工具▦：使用该工具可以调整素材的长度，从而改变素材的播放速度。

● 剃刀工具◈：使用该工具可以裁剪素材，按住【Shift】键的同时可以裁剪多个轨道中的素材。

● 外滑工具◀▶：用于改变素材的内容，而不影响其持续时间。

● 内滑工具▦：使用该工具左右移动中间的素材，中间的素材不变，左右两边的素材改变，且序列的总体时长不变。

二、导入素材

下面介绍如何将要编辑的素材文件导入项目文件，常用的导入方法有以下3种。

1. 使用"导入"对话框导入

在"项目"面板的空白位置双击或直接按【Ctrl+I】组合键，打开"导入"对话框，选择要导入的素材，然后单击"打开"按钮，即可导入素材，如图2-12所示。素材被导入"项目"面板，如图2-13所示。

图2-12　"导入"对话框

图2-13　素材被导入"项目"面板

2. 使用"媒体浏览器"面板导入

打开"媒体浏览器"面板,在左侧选择视频文件所在的位置,在右侧双击视频素材,可以在"源"面板中浏览素材,以确定是否要使用相应素材。选择要导入项目的素材并单击鼠标右键,选择"导入"命令,即可导入素材,如图2-14所示。

3. 将素材拖入"项目"面板

直接将要导入的素材从文件资源管理器中拖入Premiere的"项目"面板,也可导入素材,如图2-15所示。如果拖入的是包含素材的文件夹,会自动在"项目"面板中生成素材箱。此外,如果导入的素材有重复,可以选择"编辑"|"合并重复项"命令删除重复的素材。

图2-14　选择"导入"命令

图2-15　将素材拖入"项目"面板

需要注意的是,Premiere中的素材实际上是媒体文件的链接,而不是媒体文件本身。在Premiere中修改素材名称、在时间轴面板中对素材进行裁剪,不会对媒体文件本身造成影响。

↘ 三、整理素材

使用Premiere剪辑短视频时,一般会用到多个、多种类型的素材,为了更好地组织素材,提高剪辑效率,需要对素材进行整理,例如使用素材箱归整素材,使用标签对素材进行分类,为素材添加标记等。

1. 使用素材箱归整素材

在"项目"面板中创建素材箱后，就可以像使用Windows中的文件夹一样管理Premiere中的素材文件，对素材进行分类管理。在"项目"面板中单击右下方的"新建素材箱"按钮▣，然后输入名称，选中要添加到素材箱中的文件，将其拖至素材箱中即可，如图2-16所示。

还可以选中要添加到素材箱的文件，将其拖至"项目"面板右下方的"新建素材箱"按钮▣上，为所选文件创建一个新的素材箱，如图2-17所示。单击素材箱或素材的名称，可以重命名素材箱或素材。

图2-16　将素材拖至素材箱中　　　　图2-17　将素材拖至"新建素材箱"按钮上

双击素材箱，可以在新的选项卡或面板中打开素材箱。"素材箱"面板与"项目"面板具有相同的选项（见图2-18），在素材箱中还可以嵌套素材箱。如果在按住【Ctrl】键的同时双击素材箱，将在当前面板中打开素材箱，单击▣按钮可以显示上一级（父）素材箱。

要移动素材，可以选中素材后按【Ctrl+X】组合键剪切素材，然后选中目标位置按【Ctrl+V】组合键粘贴素材；还可以在列表视图中展开素材箱，然后将选中的素材向左拖至素材箱外，如图2-19所示。

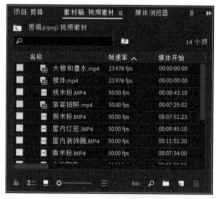
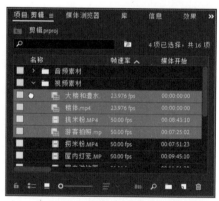

图2-18　"素材箱"面板　　　　图2-19　将素材移出素材箱

2. 使用标签对素材进行分类

使用标签功能可以设置"项目"面板中标签列和时间轴面板中的素材颜色，从而对素材进行分类。选择"编辑"|"首选项"|"标签"命令，在弹出的对话框中可以看到各种颜色的标签，用户可以根据需要定义标签名称。例如，可以根据景别、拍摄地点、时间、视频的各个部分等来定义标签名称。在此设置标签名称为"航拍"，然后单击"确定"按钮，如图2-20所示。

在"项目"面板中选中航拍的视频素材，然后用鼠标右键单击所选素材，选择"标签"|"航拍"命令，即可设置素材标签颜色，如图2-21所示。设置标签颜色后，在"项目"面板的标签列可以看到设置的颜色，将素材拖至时间轴面板，也可以看到设置的标签颜色。

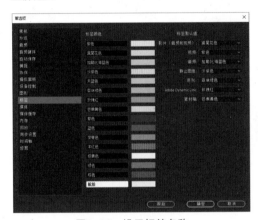

图2-20　设置标签名称

图2-21　设置素材标签颜色

在"项目"面板上方单击搜索框右侧的"从查询创建新的搜索素材箱"按钮，在弹出的对话框中设置搜索属性为"标签"，查找依据为"航拍"，然后单击"确定"按钮，如图2-22所示。此时，素材列表上方会显示相应的搜索结果，如图2-23所示。

图2-22　搜索标签

图2-23　标签搜索结果

3. 为素材添加标记

在短视频剪辑过程中，经常需要为剪辑添加标记，并使用标记来放置和排列剪辑。例如，使用标记来确定序列或剪辑中重要的动作或声音。在"项目"面板中双击视频素材，在"源"面板中预览素材，将播放指示器定位到要添加标记的位置，然后单击"添加标记"按钮█或按【M】键，即可添加标记，如图2-24所示。

将播放指示器定位到标记范围结束的位置，然后在按住【Alt】键的同时拖动标记到播放指示器的位置，即可划分标记范围，如图2-25所示。

图2-24　添加标记

图2-25　划分标记范围

在"源"面板中双击标记，在弹出的"标记"对话框中输入标记的名称和注释，并选择标记颜色，然后单击"确定"按钮，如图2-26所示。查看添加的标记效果，如图2-27所示。

图2-26　设置标记

图2-27　标记效果

除了可以为视频素材添加标记外，还可以为音频素材添加标记，如在音乐节奏点位置添加标记、为音频的各部分添加标记等。在"源"面板中预览音频素材，然后播放音频，在每一句话的开始位置按【M】键添加标记，如图2-28所示。将添加标记后的音频素材拖入时间轴面板，序列中的剪辑条上也会显示一样的标记，如图2-29所示。

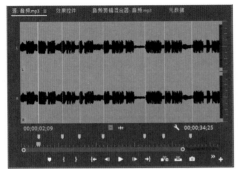

图2-28　为音频素材添加标记

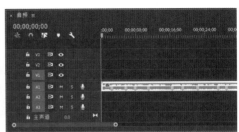

图2-29　在时间轴面板中查看标记

↘ 四、创建序列

在添加剪辑前，需要创建序列。序列相当于一个容器，添加到序列内的剪辑会形成一段连续播放的视频。在创建序列时，需要进行播放设置，如设置帧速率、帧尺寸等。向序列中添加剪辑时，若剪辑的帧速率、帧尺寸与序列不同，则Premiere会把剪辑的帧速率和帧尺寸转换成序列中设置的大小。

创建序列

要创建新的序列，可以在"项目"面板中单击"新建项"按钮 ，在弹出的列表中选择"序列"选项，弹出"新建序列"对话框。"序列预设"选项卡中的列表几乎覆盖市场上所有主流相机和电影机的预设，列表右侧是所选预设对应的描述。

在选择序列预设时，应先选择机型/格式，然后选择分辨率，最后选择帧速率。例如，在此选择"AVCHD"|"1080p"|"AVCHD 1080p30"序列预设，在对话框下方输入序列名称，如图2-30所示。如果所选预设不符合需求，可以在"设置"选项卡中进行调整。例如，在"编辑模式"下拉列表框中选择"DSLR"，在"时基"下拉列表框中选择30.00帧/秒，然后单击"确定"按钮，如图2-31所示。

图2-30　选择序列预设

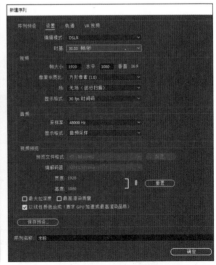

图2-31　设置序列参数

23

创建序列后，时间轴面板中会自动打开创建的序列，如图2-32所示。如果经常用到某个序列设置，可以将其保存为序列预设，在时间轴面板单击序列名称右侧的■按钮，选择"从序列创建预设"选项，在弹出的对话框中输入序列名称和描述，然后单击"确定"按钮，如图2-33所示。此时即可在"序列预设"选项卡的"自定义"文件夹中看到保存的预设。

图2-32　打开序列　　　　　　　　　　图2-33　保存序列预设

此外，也可以根据需要从剪辑创建序列。将视频素材拖至"新建项"按钮■上，或者用鼠标右键单击视频素材，选择"从剪辑新建序列"命令，即可创建与源素材相匹配的序列，序列的帧大小、帧速率等设置与源素材的信息完全匹配。若要更改序列参数，可以在时间轴面板中选中序列，然后选择"序列"|"序列设置"命令，在弹出的"序列设置"对话框中自定义序列参数。

↘ 五、快速粗剪短视频

下面将介绍如何在Premiere Pro CC 2019中快速完成短视频的粗剪，包括在序列中添加剪辑、在时间轴面板中修剪剪辑、删除间隙等，具体操作方法如下。

快速粗剪短视频

步骤 **01** 在"项目"面板中双击"楼外延时"素材，在"源"面板中预览素材，拖动播放指示器，将其移至视频剪辑的起始位置，单击"标记入点"按钮■；拖动播放指示器至视频剪辑的结束位置，单击"标记出点"按钮■，设置剪辑范围，如图2-34所示。

步骤 **02** 拖动"仅拖动视频"按钮■到序列的V1轨道上，在弹出的对话框中单击"保持现有设置"按钮，如图2-35所示，将"楼外延时"视频剪辑添加到序列中。

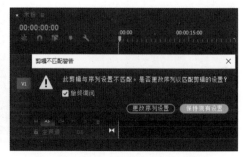

图2-34　标记入点和出点　　　　　　　图2-35　单击"保持现有设置"按钮

步骤 03 在时间轴面板左侧双击V1轨道将其展开，采用同样的方法继续添加其他视频剪辑到V1轨道上，如图2-36所示。

图2-36 添加视频剪辑

步骤 04 在序列中用鼠标右键单击"大楼和澧水"视频剪辑，选择"设为帧大小"命令，即可自动调整素材的缩放比例，使其适应序列大小，如图2-37所示。

步骤 05 打开"效果控件"面板，在"运动"效果中可以看到剪辑的"缩放"参数自动变为50.0，如图2-38所示。

图2-37 选择"设为帧大小"命令

图2-38 查看剪辑的"缩放"参数

步骤 06 在时间轴面板左侧单击V1轨道最左侧的"对插入和覆盖源修补"控件，设置源轨道指示器在V1轨道上。将播放指示器移至要插入素材的位置，在此将其移至"门窗"视频剪辑上，如图2-39所示。

步骤 07 在"源"面板中预览"游客拍照"素材，标记入点和出点，如图2-40所示，然后拖动"仅拖动视频"按钮■到"节目"面板中。

图2-39 移动播放指示器

图2-40 标记入点和出点

步骤 **08** 此时"节目"面板中显示多个操作区域，选择所需的编辑操作。在此选择"此项前插入"选项，如图2-41所示，将"游客拍照"视频剪辑插入"门窗"视频剪辑前，如图2-42所示。

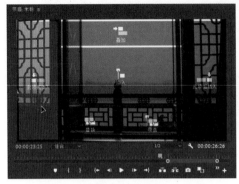
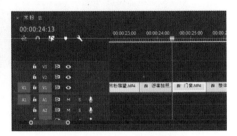

图2-41　选择"此项前插入"选项　　　　图2-42　插入视频剪辑

步骤 **09** 按【Ctrl+Z】组合键撤销插入操作，在时间轴面板左侧设置源轨道指示器在V2轨道上。将播放指示器移至"门窗"视频剪辑的开始位置，如图2-43所示。

步骤 **10** 在"源"面板中单击"插入"按钮 ，如图2-44所示，或直接按【,】键，将视频剪辑添加到V2轨道上播放指示器所在位置。

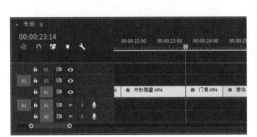

图2-43　移动播放指示器　　　　　　图2-44　单击"插入"按钮

步骤 **11** 在时间轴面板上方禁用"链接选择项"功能 ，然后选中与视频剪辑链接的音频剪辑，按【Delete】键将其删除，如图2-45所示。

步骤 **12** 选中视频剪辑，按【Alt+↓】组合键将视频剪辑移至V1轨道上，如图2-46所示。

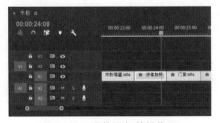

图2-45　删除音频剪辑　　　　　　　图2-46　调整视频剪辑位置

步骤 13 将播放指示器定位到要拆分视频剪辑的位置，选中"大楼和澧水"视频剪辑，按【Ctrl+K】组合键拆分视频剪辑，如图2-47所示。

步骤 14 选中拆分后右侧的视频剪辑，按【Delete】键将其删除。此时视频剪辑之间出现间隙，用鼠标右键单击间隙，选择"波纹删除"命令，即可删除间隙，如图2-48所示。

图2-47　拆分视频剪辑　　　　　　　　　图2-48　选择"波纹删除"命令

步骤 15 要在时间轴面板中修剪素材，可以使用选择工具或波纹编辑工具拖动视频剪辑的剪辑点进行修剪，在修剪时"节目"面板中将实时显示修剪的画面位置，如图2-49所示。

图2-49　实时显示修剪画面位置

步骤 16 各视频剪辑修剪完成后，按【Ctrl+A】组合键全选视频剪辑（见图2-50），选择"序列"|"封闭间隙"命令，删除视频剪辑之间的间隙。

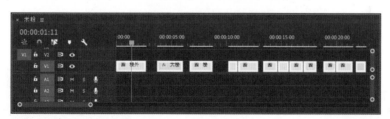

图2-50　全选视频剪辑

步骤 17 按住【Alt】键的同时向上拖动"捞米粉"视频剪辑，将其复制到V2轨道上，如图2-51所示。

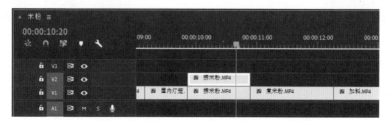

图2-51　复制视频剪辑

步骤 **18** 按住【Ctrl】键的同时拖动视频剪辑可以插入视频剪辑。例如，按住【Ctrl】键的同时将"煮米粉"视频剪辑拖至"捞米粉"视频剪辑左侧，此时目标位置的播放指示线上会出现锯齿，表示进行的是插入操作，如图2-52所示。松开鼠标即可将视频剪辑插入目标位置，V2轨道上的"捞米粉"视频剪辑的位置将同步调整，如图2-53所示。

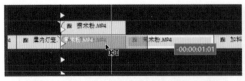

图2-52　按住【Ctrl】键拖动视频剪辑　　　　　　图2-53　插入视频剪辑

步骤 **19** 若要在某个轨道上调整视频剪辑的排列顺序，可以在按住【Ctrl+Alt】组合键的同时拖动视频剪辑。如将"煮米粉"视频剪辑拖至"捞米粉"视频剪辑左侧，此时鼠标指针变为样式，表示进行的是调整顺序操作，如图2-54所示。松开鼠标即可调整视频剪辑的先后顺序，V2轨道上的"捞米粉"视频剪辑的位置没有同步调整，如图2-55所示。

图2-54　按住【Ctrl+Alt】组合键拖动视频剪辑　　　图2-55　调整视频剪辑的排列顺序

步骤 **20** 选中"煮米粉"和"捞米粉"两个视频剪辑，然后用鼠标右键单击所选的视频剪辑，选择"速度/持续时间"命令，如图2-56所示。

步骤 **21** 在弹出的"剪辑速度/持续时间"对话框中设置"速度"为50%，选中"波纹编辑，移动尾部剪辑"复选框，然后单击"确定"按钮，即可将视频剪辑的播放速度调整为正常速度的一半，如图2-57所示。

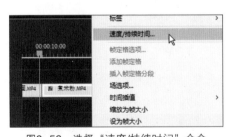

图2-56　选择"速度/持续时间"命令　　　　　图2-57　调整视频剪辑的播放速度

📖 **课堂拓展**

　　在添加视频剪辑时，如果需要用到一个视频素材中的多个部分，可以通过创建子剪辑将素材分成若干个片段。方法为：在"源"面板中标记视频剪辑的入点和出点，然后用鼠标右键单击视频画面，选择"制作子剪辑"命令。

↘ 六、精剪短视频

下面为短视频添加音乐，使用剪辑工具可以对视频剪辑的剪辑点进行精细调整，以使视频剪辑产生节奏上的变化，具体操作方法如下。

精剪短视频

步骤01 将音频素材添加到A1音频轨道上，然后在序列中对各视频剪辑进行修剪，使视频剪辑的剪辑点与音频标记对齐。根据需要调整视频剪辑的播放速度，使各视频剪辑的播放速度一致，如图2-58所示。

图2-58　添加音频并调整视频剪辑

步骤02 在序列中选中"加料"视频剪辑，在"效果控件"面板中调整"缩放"和"位置"参数，以调整画面构图，如图2-59所示。

图2-59　调整"缩放"和"位置"参数

步骤03 在"节目"面板中对比画面构图调整效果，如图2-60所示。采用同样的方法对其他视频剪辑进行画面构图调整。

图2-60　对比调整效果

步骤04 在"效果控件"面板中选中"运动"效果，双击"节目"面板的标题栏，最大化该面板，调小画面的缩放比例，可以看到画面四周显示出调整控件，如图2-61所示。拖动调整控件可以调整画面位置和大小或旋转画面，拖动⊕图标可以更改锚点位置，所有调整都是基于锚点进行的。

图2-61　在"节目"面板中调整构图

步骤 **05** 在时间轴面板左侧启用V1轨道的源修补功能，选中"楼外延时"视频剪辑，按【/】键标记序列的入点和出点，如图2-62所示。

步骤 **06** 选择"序列"｜"匹配帧"命令，即可在"源"面板中匹配相应的视频剪辑，如图2-63所示。

图2-62　标记序列的入点和出点　　　　　　　图2-63　匹配帧

步骤 **07** 在"源"面板中根据需要重新标记视频剪辑的入点和出点，单击"覆盖"按钮，如图2-64所示。

步骤 **08** 在弹出的"适合剪辑"对话框中选中"更改剪辑速度（适合填充）"单选按钮，然后单击"确定"按钮，如图2-65所示。

图2-64　单击"覆盖"按钮　　　　　　　图2-65　"适合剪辑"对话框

此时即可将"楼外延时"视频剪辑添加到V1轨道上以替换原视频剪辑，并根据序列中设置的持续时间自动调整播放速度，如图2-66所示。

步骤 09　按【Ctrl+R】组合键打开"剪辑速度/持续时间"对话框，在"时间插值"下拉列表中选择"帧混合"选项，然后单击"确定"按钮，如图2-67所示。

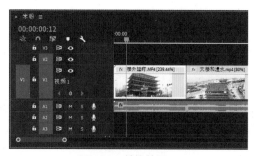

图2-66　替换效果

图2-67　选择"帧混合"选项

此时即可为视频剪辑添加动态模糊效果，在"节目"面板中预览画面效果，如图2-68所示。

步骤 10　在"项目"面板中双击"煮米粉"素材，在"源"面板中将播放指示器移至剪辑标记之间，如图2-69所示。

图2-68　预览画面效果

图2-69　移动播放指示器

步骤 11　在时间轴面板中选中序列，选择"序列"|"反转匹配帧"命令，即可使播放指示器移动到相应的帧位置，如图2-70所示。

步骤 12　将播放指示器移至要修剪的位置，使用选择工具选中"煮米粉"视频剪辑左侧的剪辑点，如图2-71所示。

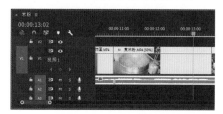

图2-70　反转匹配帧效果

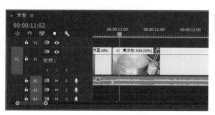

图2-71　选中剪辑点

步骤 13 按【Ctrl+→】组合键可以逐帧修剪剪辑点。选择"序列"|"将所选剪辑点扩展到播放指示器"命令，即可将剪辑点修剪到播放指示器的位置，如图2-72所示。

步骤 14 按【R】键调用比率拉伸工具，使用该工具向左拖动"煮米粉"视频剪辑左侧的剪辑点至上一个视频剪辑的结束位置，如图2-73所示。

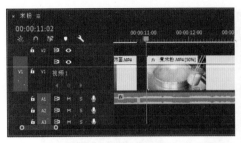 

图2-72　将剪辑点修剪到播放指示器的位置　　　图2-73　使用比率拉伸工具调整视频剪辑长度

步骤 15 按【N】键调用滚动编辑工具，使用该工具调整"捞米粉"和"加料"两个视频剪辑之间的剪辑点，使剪辑点向左移动9帧，如图2-74所示。这样做只会影响这两个视频剪辑的长度，而不会影响其他视频剪辑。

图2-74　使用滚动编辑工具调整剪辑点

步骤 16 使用滚动编辑工具双击剪辑点，进入修剪模式，"节目"面板中将显示剪辑点处的两屏画面。单击画面下方的对应按钮，可以向后或向前修剪1帧或5帧，如图2-75所示。

图2-75　在修剪模式下修剪视频剪辑

步骤 17 按【Y】键调用外滑工具，使用该工具向左或向右拖动"出餐"视频剪辑，即可改变视频剪辑的入点和出点。此时，在"节目"面板中可以实时查看调整效果，上方两个小图为前一个视频剪辑的出点和后一个视频剪辑的入点（这两个剪辑点不发生变化）；下方两个大图为当前所调整的视频剪辑的入点和出点，调整后这两个剪辑点会发生相应的变化，如图2-76所示。

图2-76 使用外滑工具修剪视频剪辑

📖 **课堂拓展**

　　禁用剪辑可以在播放短视频时使剪辑不被看到或听到，该功能常用于包含多个层的序列，有选择地禁用某些剪辑可以测试不同轨道上剪辑所表现出的差异。禁用剪辑的方法为：在序列中选中要禁用的剪辑并用鼠标右键单击，取消选择"启用"命令。

↘ 七、序列嵌套

　　序列嵌套是指将序列中的一个或者多个素材或序列组合到一起，使其形成新的序列。在剪辑短视频时，可以将嵌套序列看作一个剪辑，以更加方便地进行编辑操作。在序列中选中要进行嵌套的视频剪辑并用鼠标右键单击，选择"嵌套"命令，在弹出的"嵌套序列名称"对话框中输入名称，然后单击"确定"按钮，即可创建嵌套序列，如图2-77所示。

序列嵌套

图2-77 创建嵌套序列

　　此时即可在序列中看到创建的嵌套序列，如图2-78所示。若要重新编辑嵌套序列中的素材，可以双击序列，在时间轴面板中对素材进行修改。

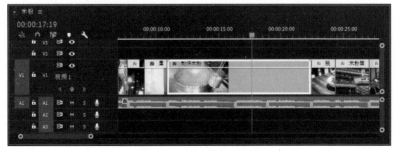

图2-78 创建的嵌套序列

在主序列中，若要对序列中的一部分剪辑进行独立的编辑和管理，可以创建子序列。在序列中选中部分剪辑并单击鼠标右键，选择"制作子序列"命令，此时当前序列上并没有发生变化，在"项目"面板中将出现相应的子序列，如图2-79所示。双击子序列将其打开，该子序列中只包括当时选中的剪辑，如图2-80所示。

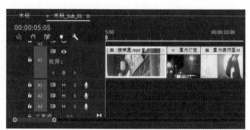

| 图2-79　创建的子序列 | 图2-80　查看子序列 |

↘ 八、使用"效果控件"面板

在时间轴面板中为素材添加特效后，可以在"效果控件"面板中设置特效参数。"运动""不透明度""时间重映射"是每个视频剪辑都有的固定效果，用户还可以为视频剪辑添加视频效果和视频过渡效果。

1. 制作运动动画

关键帧是制作动画的关键，可用于设置运动、效果、蒙版、速度、音频等多种属性，随时间更改属性值即可自动生成动画。动画效果至少包含两个关键帧，一个关键帧对应变化开始的值，另一个关键帧对应变化结束的值。

制作运动动画

下面利用关键帧制作一个简单的缩放动画，具体操作方法如下。

步骤 01 在序列中选中"挑米粉"视频剪辑，在"效果控件"面板中设置"缩放"参数为120.0，在右侧时间轴区域将播放指示器移至最左侧。单击"缩放"属性左侧的"切换动画"按钮，启用"缩放"动画，如图2-81所示，即可在播放指示器的位置自动添加一个关键帧。

步骤 02 将播放指示器向右移动一定的距离，将"缩放"参数设置为130.0，将自动在播放指示器的位置添加第2个关键帧，如图2-82所示，两个关键帧之间会形成放大动画。

| 图2-81　启用"缩放"动画 | 图2-82　编辑"缩放"动画 |

普通的关键帧运动是匀速的，不符合自然的运动规律，使用关键帧插值可以通过不同形式的数学计算灵活调整运动速度和运动过渡效果。插值是指在两个已知值之间填充未知数据的过程，在关键帧动画中是指关键帧之间的过渡方式。Premiere提供了以下7种插值方法，采用不同的插值方法会产生不同的动画效果。

- 线性：这是默认的关键帧插值方法，用于创建从一个关键帧到另一个关键帧的均匀变化效果，其中每个中间帧获得等量的变化值。使用线性插值创建的变化效果会突然开始或结束，并在关键帧之间匀速变化。线性的关键帧图标为菱形。
- 贝塞尔曲线：使用贝塞尔曲线可以对关键帧插值有最大的控制。贝塞尔关键帧提供了控制手柄，通过调整控制手柄可以更改关键帧任意一侧的图表形状或变化速率。使用此插值方法可以创建非常平滑的变化效果。贝塞尔曲线的关键帧图标为漏斗形。
- 自动贝塞尔曲线：自动贝塞尔曲线能够使关键帧之间的速率变化很均匀。当更改关键帧的值时，自动贝塞尔曲线的方向手柄会自动变化，以维持关键帧之间的平滑过渡。自动贝塞尔曲线的关键帧图标为圆形。
- 连续贝塞尔曲线：该方法与自动贝塞尔曲线类似，但它支持手动调整方向手柄。在关键帧的一侧更改图表的形状时，关键帧另一侧的形状也会发生相应变化，以保证平滑过渡。连续贝塞尔曲线的关键帧图标为圆形。
- 定格：使用该方法更改属性值不会产生渐变过渡，而是突然的效果变化，应用定格插值的关键帧后的图表显示为水平直线段。定格的关键帧图标为五边形。
- 缓入：减慢关键帧之前的数值变化速度，缓入的关键帧图标为漏斗形。
- 缓出：减慢关键帧之后的数值变化速度，缓出的关键帧图标为漏斗形。

部分属性为关键帧之间的过渡同时提供了时间插值和空间插值方法。

- 时间插值：该方法处理的是时间上的变化，是一种用于确定对象移动速度的有效方法。例如，可以使用时间插值来确定物体在运动路径中是匀速移动还是加速移动。
- 空间插值：该方法处理的是对象位置的变化，是一种在对象穿过屏幕时控制其路径形状的有效方法，该路径称为运动路径。例如，可以使用空间插值控制对象从一个关键帧移动到下一个关键帧时是否会产生硬角弹跳，或者是否有带圆角的倾斜运动。

下面将介绍如何设置关键帧插值，具体操作方法如下。

步骤 01 将"标志"图片素材导入项目，并添加到V2轨道上，修剪图片的长度，使其与"楼牌匾"视频剪辑对齐，如图2-83所示。

图2-83 添加图片素材

步骤 **02** 在"效果控件"面板中设置"缩放"参数为15.0，然后设置"位置"参数为(1800.0 150.0)，将图片置于画面右上方的位置，如图2-84所示。

步骤 **03** 在"效果控件"面板中启用"位置"动画，然后在右侧手动添加第2个和第3个关键帧。修改第1个关键帧的y坐标参数为1150.0，第2个关键帧的y坐标参数为80.0，制作图片从下向上运动再落下的位置动画，如图2-85所示。

图2-84　调整图片位置

步骤 **04** 单击"位置"属性左侧的▶按钮。选中3个关键帧并单击鼠标右键，选择"空间插值"|"线性"命令，如图2-86所示。

图2-85　编辑"位置"关键帧

图2-86　选择"线性"命令

步骤 **05** 用鼠标右键单击选中的关键帧，选择"临时插值"|"缓入"命令，如图2-87所示；再次用鼠标右键单击选中的关键帧，选择"临时插值"|"缓出"命令，为动画添加缓动效果。

步骤 **06** 选中关键帧，然后分别调整各关键帧动画的贝塞尔曲线，改变运动变化速率，如图2-88所示。曲线越陡峭，运动变化就越剧烈。

图2-87　选择"缓入"命令

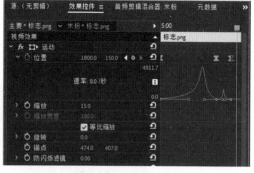

图2-88　调整贝塞尔曲线

步骤 **07** 启用并编辑"旋转"动画，制作图片旋转一圈的动画效果，然后调整"旋转"动画的贝塞尔曲线，如图2-89所示。

步骤 **08** 在"效果控件"面板中选中"运动"效果，在"节目"面板中可以看到运动路径，预览动画效果，如图2-90所示。

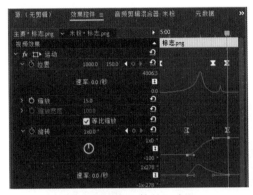 

图2-89 编辑"旋转"动画　　　　图2-90 预览动画效果

2. 设置不透明度

不透明度用于控制剪辑的不透明程度，以实现叠加、淡化和溶解等效果，还可以使用特殊的混合模式从多个视频图层创建视觉效果。下面讲解如何设置剪辑的不透明度，具体操作方法如下。

设置不透明度

步骤01 在序列中选中第1个视频剪辑，打开"效果控件"面板，可以看到"不透明度"动画默认处于启用状态。将播放指示器移至最左侧，单击"添加关键帧"按钮 ，添加一个关键帧，然后在右侧再添加一个关键帧，设置第1个关键帧的"不透明度"参数为0.0%，如图2-91所示。

步骤02 在序列中双击V1轨道将其展开，在第1个视频剪辑中可以看到不透明度控制柄上的关键帧为线性关键帧，如图2-92所示。

 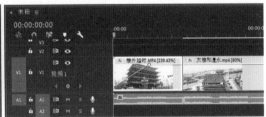

图2-91 编辑"不透明度"动画　　　图2-92 查看视频剪辑上的关键帧

步骤03 按住【Ctrl】键的同时单击关键帧，将其转换为贝塞尔曲线关键帧，然后拖动关键帧上的手柄调整贝塞尔曲线，如图2-93所示。

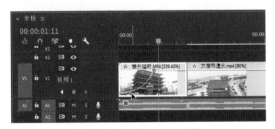

图2-93 调整贝塞尔曲线

3. 使用"时间重映射"命令

使用"时间重映射"命令可以调整视频剪辑不同部分的速度，从而制作速度变化效果，具体操作方法如下。

使用"时间重映射"命令

步骤 01 在序列中展开V1轨道，用鼠标右键单击"门窗"视频剪辑左上方的 fx 图标，选择"时间重映射"|"速度"命令，如图2-94所示。

步骤 02 此时整个视频剪辑会变为紫色，横跨剪辑的中心位置出现速度控制柄，按住【Ctrl】键的同时在速度控制柄上单击，添加速度关键帧。向上或向下拖动速度控制柄即可进行加速或减速调整。在此将关键帧右侧的速度调整为300.00%，如图2-95所示。

图2-94 选择"速度"命令

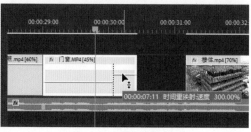

图2-95 拖动速度控制柄

步骤 03 按住【Alt】键的同时拖动速度关键帧，调整其位置。拖动速度关键帧，将其拆分为左、右两个部分，两个标记之间的斜坡表示速度逐渐变化，拖动两个标记之间的控制柄调整斜坡曲率，使速度变化平滑过渡，如图2-96所示。

步骤 04 采用同样的方法，对下一个视频剪辑进行变速调整，使视频剪辑加速入场，如图2-97所示。

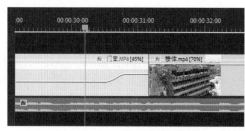

图2-96 调整斜坡曲率

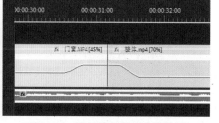

图2-97 设置视频剪辑变速效果

4. 添加视频效果

视频效果位于"效果"面板中，用户可以为序列中的视频剪辑添加任意数量的视频效果，并在"效果控件"面板中调整效果。下面为画面抖动的视频剪辑添加"变形稳定器"效果，使画面变得平稳，具体操作方法如下。

添加视频效果

步骤 01 "变形稳定器"效果要求视频剪辑的尺寸与序列匹配，且不能和速度变化效果用于同一视频剪辑，所以在为第1个视频剪辑添加该效果前需要对其进行嵌套处理。为第1个视频剪辑创建嵌套序列，并将其命名为"楼外延时"，如图2-98所示。

步骤 02 选中"楼外延时"嵌套序列，打开"效果"面板，在其中搜索"稳定"，然后双击"变形稳定器"效果，为嵌套序列添加该效果，如图2-99所示。

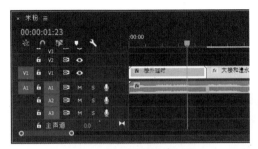

图2-98　创建嵌套序列　　　　图2-99　添加"变形稳定器"效果

此时视频画面上会显示"在后台分析"字样，如图2-100所示，等待程序分析完成。

步骤 03 分析并稳定化完成后，在"效果控件"面板的"变形稳定器"效果中调整"平滑度"参数，如图2-101所示。

图2-100　开始分析视频剪辑　　　　图2-101　调整"平滑度"参数

5. 添加视频过渡效果

视频过渡也称视频转场或视频切换，是添加在视频剪辑之间的效果，可以让视频剪辑之间的切换更加自然。视频过渡效果通常放置在不同的镜头之间，使镜头之间自然转换或使镜头切换具有创意。

为视频剪辑添加视频过渡效果的具体操作方法如下。

添加视频过渡效果

步骤 01 打开"效果"面板，展开"视频过渡"|"溶解"效果组，选择"交叉溶解"过渡效果，如图2-102所示。

步骤 02 将"交叉溶解"过渡效果拖至前两个视频剪辑之间，由于第1个嵌套序列的右端已经是该视频剪辑的右边界，没有多余的帧用于过渡，此时过渡效果只能添加到剪辑点的左侧，如图2-103所示。

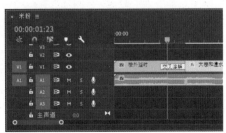

图2-102　选择"交叉溶解"过渡效果（1）　　　图2-103　添加"交叉溶解"过渡效果（2）

步骤 03 选中"交叉溶解"过渡效果，打开"效果控件"面板。在"对齐"下拉列表中选择"中心切入"选项，可以看到过渡条上出现斜线警示标记，表示使用第1个视频剪辑最后1帧的冻结帧来增加视频剪辑的持续时间，以实现过渡，如图2-104所示。

步骤 04 在序列中双击第1个嵌套序列将其打开，向右适当调整视频剪辑右侧的剪辑点，增加嵌套序列的长度，如图2-105所示。

图2-104　选择对齐位置　　　　　　图2-105　调整剪辑点

步骤 05 返回主序列，此时在过渡效果中可以看到斜线警示标记消失，如图2-106所示。

步骤 06 在"效果"面板中用鼠标右键单击"交叉溶解"过渡效果，选择"将所选过渡设置为默认过渡"命令，如图2-107所示。

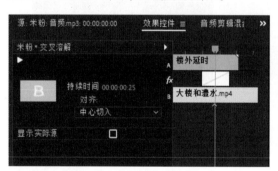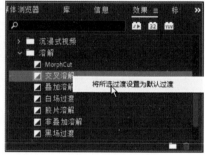

图2-106　斜线警示标记消失　　　　　图2-107　设置默认过渡

步骤 07 在序列中选中最后两个视频剪辑，选择"序列"|"应用默认过渡到选择项"命令，将默认过渡效果添加到所选的视频剪辑之间，如图2-108所示。

步骤 08 在"游客拍照"和"门窗"视频剪辑之间添加"拆分"过渡效果，然后选中该过渡效果，如图2-109所示。

图2-108　添加默认过渡效果　　　　　图2-109　添加"拆分"过渡效果

步骤 09 在"效果控件"面板中设置"持续时间""边框宽度""边框颜色"等参数，然后选中"反向"复选框，在"消除锯齿品质"下拉列表中选择"高"选项，如图2-110所示。

步骤 10 在Premiere中，默认的过渡效果持续时间为25帧，用户可以根据需要更改默认的持续时间。选择"编辑"|"首选项"|"时间轴"命令，在弹出的"首选项"对话框中设置"视频过渡默认持续时间"为15帧，如图2-111所示，然后单击"确定"按钮。

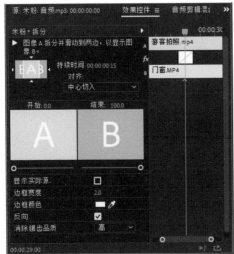

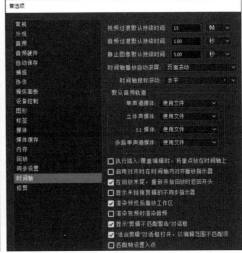

图2-110　设置"拆分"过渡效果　　　　图2-111　设置"视频过渡默认持续时间"

九、导出短视频

短视频编辑完成后，在"节目"面板中预览效果，确认不再修改后即可将其导出。在导出时可以根据需要设置视频格式、叠加效果、比特率等参数，具体操作方法如下。

导出短视频

步骤 01 在时间轴面板中选中要导出的序列，如图2-112所示。若要导出序列的一部分，可以在序列中使用入点和出点标记相应部分，然后进行导出。

步骤 02 选择"文件"|"导出"|"媒体"命令，弹出"导出设置"对话框，在"格式"下拉列表中选择"H.264"选项（即MP4格式的视频），如图2-113所示。

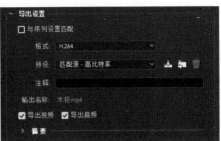

图2-112　选中序列　　　　　　　　图2-113　选择导出格式

步骤 03 单击"输出名称"选项右侧的文件名，弹出"另存为"对话框，选择导出位置并输入文件名，然后单击"保存"按钮，如图2-114所示。

步骤 04 返回"导出设置"对话框，单击"导出设置"选项左侧的■按钮折叠相关选项。打开"效果"选项卡，可以在此为导出的视频应用多种效果、添加叠加信息或进行自动调整。选中并展开"图像叠加"效果，在"已应用"下拉列表中选择本地图片，然后设置"偏移""大小""不透明度"等参数，如图2-115所示。

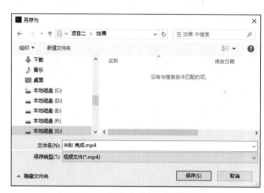

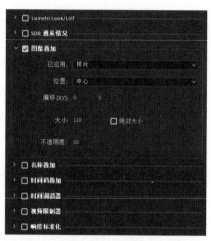

图2-114 "另存为"对话框　　　　图2-115 设置"图像叠加"效果

步骤 05 在"导出设置"对话框中打开"输出"选项卡，查看叠加的图像效果，如图2-116所示。

步骤 06 打开"视频"选项卡，展开"比特率设置"选项，调整"目标比特率[Mbps]"参数，即可对视频文件进行压缩，如图2-117所示。在该对话框下方可以看到"估计文件大小"数值，设置完成后单击"导出"按钮，即可导出短视频。

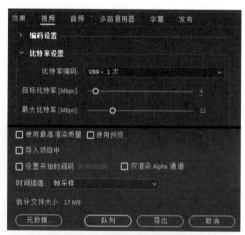

图2-116 预览图像叠加效果　　　　图2-117 设置目标比特率

任务二 设置短视频版面

短视频版面是指视频画面的大小、比例与布局等。下面将介绍如何在Premiere中设置短视频版面，包括制作竖屏视频、制作电影遮幅效果、制作画中画效果、制作分屏多画面效果，以及设置短视频封面等。

↘ 一、制作竖屏视频

短视频平台中的短视频以竖屏为主，在Premiere Pro CC 2019中制作竖屏视频的具体操作方法如下。

制作竖屏视频

步骤 **01** 新建"竖屏视频"项目文件。按【Ctrl+N】组合键打开"新建序列"对话框，切换到"设置"选项卡；在"编辑模式"下拉列表中选择"自定义"选项，在"时基"下拉列表中选择"25.00帧/秒"选项，然后自定义帧大小，设置"水平"为1080，"垂直"为1920，单击"确定"按钮，如图2-118所示。

步骤 **02** 在"项目"面板中导入视频素材，将"风车"和"横屏素材"两个视频素材添加到序列中，并对视频素材进行修剪。全选视频素材并单击鼠标右键，选择"设为帧大小"命令，如图2-119所示。

图2-118　设置序列参数

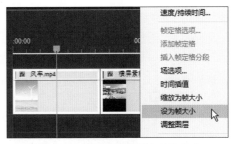

图2-119　选择"设为帧大小"命令

步骤 **03** 选中"横屏素材"视频剪辑，在"效果控件"面板中将播放指示器移至最左侧，启用"缩放"和"旋转"动画，如图2-120所示。

步骤 **04** 将播放指示器向右移动15帧，设置"缩放"参数为100.0，"旋转"参数为90.0°，如图2-121所示。

图2-120　启用"缩放"和"旋转"动画

图2-121　设置"缩放"和"旋转"参数

步骤 05 在"节目"面板中播放视频，预览横屏视频变成竖屏的效果，如图2-122所示。

图2-122　横屏视频变成竖屏的效果

↘ 二、制作电影遮幅效果

制作电影遮幅
效果

电影遮幅是指在保持画面不变形的前提下，拍摄时在摄影机监视器前加一个档框格，遮去原来标准画幅的上下两边，使画面宽高比由标准的1.33∶1变成1.66∶1至1.85∶1。由于画幅上下两边都被遮挡住，画面宽高比明显增加，从而得到宽银幕效果。

在Premiere Pro CC 2019中制作电影遮幅效果的具体操作方法如下。

步骤 01 打开"素材文件\项目二\电影遮幅.prproj"项目文件，在"项目"面板中单击"新建项"按钮，在弹出的列表中选择"黑场视频"选项，如图2-123所示。

步骤 02 将创建的黑场视频拖至时间轴面板中的V2轨道上，如图2-124所示。

图2-123　选择"黑场视频"选项

图2-124　添加黑场视频

步骤 03 在"效果控件"面板中设置y坐标参数为-360.0，将播放指示器定位到遮幅动画的开始位置；然后单击"位置"属性左侧的"切换动画"按钮，启用"位置"动画，将自动添加第1个关键帧，如图2-125所示。

步骤 04 将播放指示器向右移动40帧，设置y坐标参数为-290.0，添加第2个关键帧，如图2-126所示。

图2-125　启用"位置"动画　　　　　图2-126　编辑"位置"动画

步骤 05 将黑场视频从"项目"面板拖至时间轴面板中的V3轨道上，然后采用同样的方法，在"效果控件"面板中制作"位置"动画，设置y坐标的参数分别为1080.0、1010.0，如图2-127所示。

步骤 06 在"节目"面板中预览电影遮幅效果，如图2-128所示。

图2-127　制作黑场视频"位置"动画　　　　图2-128　预览电影遮幅效果

三、制作画中画效果

画中画是一种视频内容呈现方式，指在一个视频全屏播放的同时，在画面的小面积区域中同时播放另一个视频，广泛用于电视、视频录像、监控、演示设备等。在Premiere Pro CC 2019中制作画中画效果的具体操作方法如下。

制作画中画效果

步骤 01 打开"素材文件\项目二\画中画效果.prproj"项目文件，将"摩天轮""无人机手部操作"视频素材分别添加到时间轴面板中的V1轨道和V2轨道上，如图2-129所示。

步骤 02 选中"无人机手部操作"视频素材，在"效果控件"面板中设置"位置"和"缩放"参数，将视频素材移至画面的右下方，如图2-130所示。

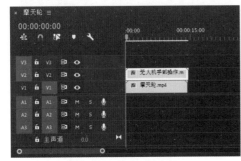

图2-129　添加视频素材　　　　图2-130　设置"位置"和"缩放"参数

步骤 03 在"节目"面板中预览画中画效果，如图2-131所示。

步骤 04 在"项目"面板中单击"新建项"按钮 📑，在弹出的列表中选择"颜色遮罩"选项，如图2-132所示。

图2-131　预览画中画效果　　　　　　　图2-132　选择"颜色遮罩"选项

步骤 05 在弹出的"拾色器"对话框中设置颜色，然后单击"确定"按钮，如图2-133所示。

步骤 06 将"无人机手部操作"视频素材拖至V3轨道上，将创建的"颜色遮罩"素材添加到序列的V2轨道上，如图2-134所示。

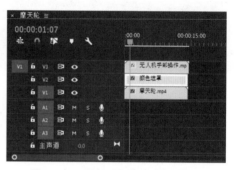

图2-133　设置颜色　　　　　　　　　图2-134　添加"颜色遮罩"素材

步骤 07 在序列中选择"无人机手部操作"视频素材，在"效果控件"面板中用鼠标右键单击"运动"效果，选择"复制"命令，如图2-135所示。

步骤 08 在序列中选择"颜色遮罩"素材，在"效果控件"面板中选中"运动"效果，然后按【Ctrl+V】组合键粘贴效果，将"缩放"参数修改为32.0，如图2-136所示。

图2-135　复制"运动"效果　　　　　　图2-136　粘贴效果并修改"缩放"参数

步骤 09 将"裁剪"效果从"效果"面板拖至"颜色遮罩"素材上，在"效果控件"面板中设置"左侧"和"右侧"参数，如图2-137所示，为画中画视频添加边框，如图2-138所示。若要修改视频边框的颜色，可以在时间轴面板中双击"颜色遮罩"素材，重新设置颜色。

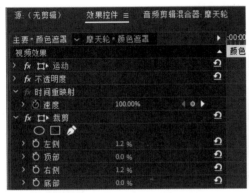

图2-137　裁剪"颜色遮罩"素材

图2-138　添加边框

四、制作分屏多画面效果

分屏多画面效果通过将一个屏幕分为两个或多个部分，将不同的画面同时展现在观众面前。在Premiere Pro CC 2019中制作分屏多画面效果的具体操作方法如下。

制作分屏多画面效果

步骤 01 打开"素材文件\项目二\分屏效果.prproj"项目文件，在序列中可以看到4个视频剪辑，分别位于不同的视频轨道上，如图2-139所示。

步骤 02 选择"文件"|"新建"|"旧版标题"命令，在弹出的"新建字幕"对话框中单击"确定"按钮，打开"字幕"面板。使用矩形工具绘制两个白色矩形形状，将画面分割为4个部分（见图2-140），然后关闭"字幕"面板。

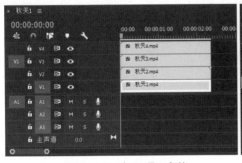

图2-139　打开项目文件

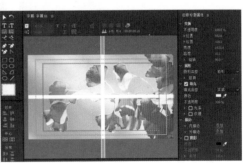

图2-140　制作分屏版面

步骤 03 将创建的"字幕01"素材添加到V5轨道上，如图2-141所示。

步骤 04 根据分屏版面，在"效果控件"面板中分别设置各视频剪辑的"位置"和"缩放"参数，效果如图2-142所示。

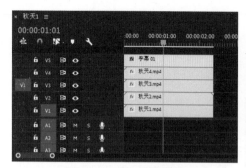

图2-141 添加字幕素材

图2-142 分屏效果

五、设置短视频封面

短视频封面就像新闻的标题一样，在一定程度上决定着短视频的关注度和点击量。短视频封面的播放时长一般为1~2秒，位于短视频的开头。在Premiere Pro CC 2019中为短视频设置封面的具体操作方法如下。

设置短视频封面

步骤 01 将短视频封面图片导入"分屏效果"项目文件，在"源"面板中预览图片，在第15帧的位置标记出点，如图2-143所示。

步骤 02 在序列中将播放指示器移至最左侧，然后在时间轴面板左侧激活V5轨道中的源修补指示器，在"源"面板中单击"插入"按钮，即可在序列的开始位置插入封面图片，如图2-144所示。

图2-143 标记出点

图2-144 插入封面图片

项目实训

1. 打开"素材文件\项目二\项目实训\视频剪辑.prproj"项目文件，在序列中对"包饺子"视频素材进行剪辑，将其剪辑为时长为20秒的短片并导出。

　　操作提示：在"源"面板中修剪视频剪辑并将其逐个添加到序列；修剪背景音乐并在音乐节奏位置添加标记；在序列中对视频剪辑进行速度调整；对视频剪辑进行精剪并使其对齐音频标记。

　　2. 打开"素材文件\项目二\项目实训\视频边框.prproj"项目文件，制作视频边框效果。

　　操作提示：使用颜色遮罩制作边框；使用"裁剪"和"投影"效果处理边框；使用"高斯模糊"效果制作视频背景。

项目三
短视频技巧性剪辑

【学习目标】

知识目标	掌握"时间重映射"功能的使用方法； 掌握制作多种画面振动效果的方法； 掌握制作双重曝光效果、画面频闪效果、定格照片效果的方法
核心技能	能够制作动作重复/暂停/倒放效果和双重曝光效果； 能够制作希区柯克式变焦效果和视频曲线变速效果； 能够制作画面振动、画面频闪、定格照片等效果； 能够制作快速翻页视频片头
素养目标	摒弃固化思维，培养创意性思维，并将想法积极付诸实践效果； 通过短视频传递正能量，凝聚向上、向善力量

【内容体系】

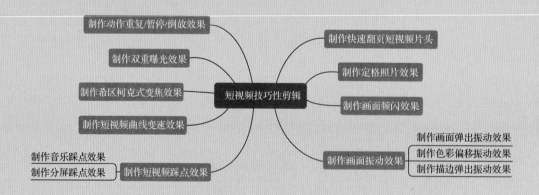

【项目导语】

在短视频剪辑过程中，除了拼接素材以外，有时还需要根据场景进行技巧性剪辑，通过添加特效或多种素材的组合使短视频呈现出不同的风格。本项目将通过实例详细介绍短视频创作中常用的技巧性剪辑方法。

任务一　制作动作重复/暂停/倒放效果

在Premiere Pro CC 2019中可以制作动作的重复、暂停和倒放效果，具体操作方法如下。

效果——动作重复/暂停/倒放　　制作动作重复/暂停/倒放效果

步骤 01 打开"素材文件\项目三\动作重复暂停倒放.prproj"项目文件，在序列中展开V1轨道，用鼠标右键单击视频剪辑左上方的 图标，选择"时间重映射"|"速度"命令，如图3-1所示。

步骤 02 将播放指示器移至要暂停播放的位置，在此将其移至00:00:05:10的位置，然后按住【Ctrl】键在速度控制柄上单击，添加速度关键帧，如图3-2所示。

图3-1　选择"速度"命令　　　　　　　图3-2　添加速度关键帧

步骤 03 按住【Ctrl+Alt】组合键的同时向右拖动速度关键帧，即可设置画面暂停，将关键帧拖至暂停结束的位置后松开鼠标，效果如图3-3所示。

步骤 04 按住【Ctrl】键的同时向右拖动第2个关键帧，即可设置所选时间内的视频先倒放再正放，将关键帧拖至倒放结束的位置，如图3-4所示。

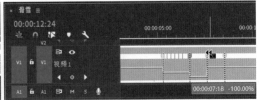

图3-3　按住【Ctrl+Alt】组合键拖动关键帧　　图3-4　按住【Ctrl】键拖动关键帧

在拖动关键帧时"节目"面板中会显示双屏画面，左侧为当前关键帧的画面，右侧实时显示要倒放到的画面，如图3-5所示。

步骤 05 根据需要在按住【Alt】键的同时拖动速度关键帧，调整其位置，拖动关键帧之间的速度控制柄调整倒放和回放速度，如图3-6所示。

图3-5　预览画面　　　　　　　图3-6　调整倒放和回放速度

步骤 **06** 在需要暂停播放的位置添加速度关键帧，按住【Ctrl+Alt】组合键的同时向右拖动关键帧以设置暂停时长，在此为画面中的各关键动作设置暂停播放，如图3-7所示。

步骤 **07** 对要重复播放的视频剪辑进行分割，然后按住【Alt】键向上拖动分割后的视频剪辑，将其复制到V2轨道上，如图3-8所示。

图3-7　设置暂停关键帧　　　　　图3-8　分割与复制视频剪辑

步骤 **08** 按住【Ctrl】键的同时向下拖动V2轨道上的视频剪辑，将其插入V1轨道，即可实现动作的重复播放，如图3-9所示。

步骤 **09** 对需要重复播放的视频剪辑进行分割，并将其复制到V2轨道，如图3-10所示。

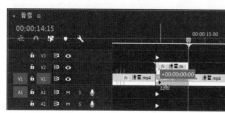

图3-9　插入视频剪辑　　　　　图3-10　复制视频剪辑

步骤 **10** 向上拖动速度控制柄，将"速度"调整为120.00%，如图3-11所示。

步骤 **11** 在"效果控件"面板中设置"缩放"参数为150.0，在"不透明度"效果中设置"混合模式"为"柔光"，即可实现画面叠加效果，如图3-12所示。

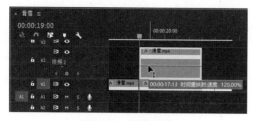

图3-11　调整速度

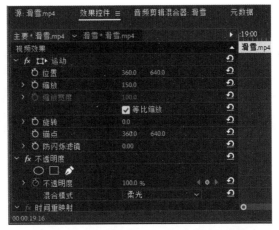

图3-12 设置"缩放"和"混合模式"参数

步骤12 按【Shift+D】组合键为视频剪辑添加"交叉溶解"过渡效果,并调整过渡效果的长度,如图3-13所示,实现画面叠加的动作重复效果。

步骤13 在"节目"面板中预览视频效果,如图3-14所示。

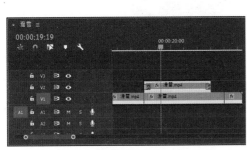

图3-13 添加过渡效果并调整其长度　　　图3-14 预览视频效果

任务二　制作双重曝光效果

双重曝光是摄影中的一种拍摄手法,即通过在同一张底片上进行多次曝光,将两张或多张图片叠加到一个画面中,以满足艺术创作的需要。下面将介绍如何在Premiere Pro CC 2019中以视频的形式实现双重曝光效果,具体操作方法如下。

步骤01 打开"素材文件\项目三\双重曝光.prproj"项目文件,在序列中选中"家庭"视频剪辑,将播放指示器移至00:00:01:11的位置,如图3-15所示。

步骤02 在"节目"面板中预览视频效果,如图3-16所示。

效果——双重曝光

制作双重曝光效果

图3-15　移动播放指示器

图3-16　预览视频效果

步骤 03 选择"窗口"|"Lumetri颜色"命令，打开"Lumetri颜色"面板，展开"基本校正"选项组，在"色调"选项中调整"曝光""对比度""高光""阴影""白色""黑色"等参数，如图3-17所示。

步骤 04 在"节目"面板中预览视频调色效果，如图3-18所示。

图3-17　调整参数

图3-18　预览视频调色效果

步骤 05 在"效果控件"面板中设置"不透明度"效果的"混合模式"为"变亮"，如图3-19所示，即可生成双重曝光效果。

步骤 06 在"节目"面板中预览双重曝光效果，如图3-20所示。

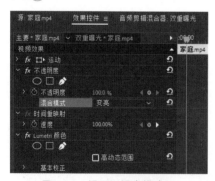

图3-19　设置"混合模式"

图3-20　预览双重曝光效果

除了可以通过设置"混合模式"实现双重曝光效果外，还可以使用"亮度键"来实现该效果，方法为：为视频剪辑添加"亮度键"效果，在"效果控件"面板中设置"亮度键"效果的"阈值"和"屏蔽度"参数（见图3-21），然后在"Lumetri颜色"面板中根据需要调整"曝光"参数，如图3-22所示。

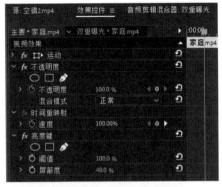

图3-21 设置"亮度键"效果 　　　　图3-22 调整"曝光"参数

任务三　制作希区柯克式变焦效果

希区柯克式变焦又称滑动变焦，是一种拍摄手法，其画面表现为主体在画面中的大小和位置不变，背景透视发生剧烈改变，呈现出背景远离或靠近主体的视觉效果。下面将介绍如何在Premiere Pro CC 2019中通过简单的后期编辑制作希区柯克式变焦效果，具体操作方法如下。

效果——希区柯克式变焦

制作希区柯克式变焦效果

步骤 01 打开"素材文件\项目三\希区柯克变焦.prproj"项目文件，序列中的视频剪辑为一段推镜头的航拍视频。按住【Alt】键向上拖动"夜景"视频剪辑，将其复制到V2轨道，然后将播放指示器移至最后一帧，如图3-23所示。

步骤 02 用鼠标右键单击V2轨道上的视频剪辑，选择"帧定格选项"命令，弹出"帧定格选项"对话框，单击"确定"按钮，即可将该视频剪辑转换为静止帧，如图3-24所示。

图3-23 复制视频剪辑 　　　　图3-24 "帧定格选项"对话框

步骤 03 选中V1轨道上的视频剪辑，在"效果控件"面板中启用"位置"和"缩放"动画，如图3-25所示。

步骤 04 将播放指示器移至最左侧，设置V2轨道上静止帧剪辑的"不透明度"参数为50.0，然后根据需要调整V1轨道上视频剪辑的"位置"和"缩放"参数，使阁楼的大小和位置与V2轨道上静止帧剪辑中的阁楼重合，如图3-26所示。

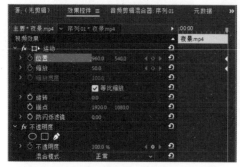

图3-25 启用"位置"和"缩放"动画　　　　　图3-26 调整"位置"和"缩放"参数

步骤 05 选中V2轨道上的静止帧剪辑，然后按【Shift+E】组合键禁用该剪辑，在"节目"面板中预览希区柯克式变焦效果，可以看到画面中阁楼的大小和位置不变，背景逐渐远离主体，如图3-27所示。

图3-27 希区柯克式变焦效果

若想使背景逐渐靠近主体，可以设置视频剪辑倒放：复制"夜景"视频剪辑，然后按【Ctrl+R】组合键打开"剪辑速度/持续时间"对话框，选中"倒放速度"复选框，单击"确定"按钮，如图3-28所示。若变焦过程中画面抖动，可以对视频剪辑创建嵌套序列（见图3-29），然后为嵌套序列添加"变形稳定器"效果。

图3-28 选中"倒放速度"复选框　　　　　图3-29 创建嵌套序列

任务四 制作短视频曲线变速效果

要使短视频素材中一部分片段加速播放，另一部分片段减速播放，可以使用"时间重映射"命令调整短视频素材中不同部分的速度，使短视频播放速度呈曲线变化，从而使短视频素材更有节奏感。

下面在Premiere Pro CC 2019中制作短视频曲线变速效果，具体操作方法如下。

效果——短视频
曲线变速

制作短视频曲线
变速效果

步骤 01 打开"素材文件\项目三\曲线变速.prproj"项目文件，将视频剪辑依次添加到序列中并进行粗剪，然后添加"音乐"音频剪辑，并在音乐节奏位置添加标记，如图3-30所示。

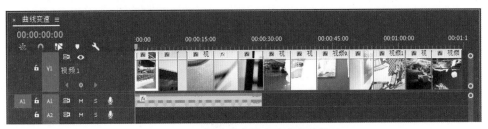

图3-30 添加视频剪辑和音频剪辑

步骤 02 双击V1轨道将其展开，用鼠标右键单击"视频1"剪辑左上方的 fx 图标，选择"时间重映射"|"速度"命令，如图3-31所示。

步骤 03 按住【Ctrl】键的同时在速度控制柄上单击，添加速度关键帧，在此添加两个速度关键帧；然后拖动速度控制柄调整各部分的速度，在此将左侧的速度调整为300.00%，将右侧的速度调整为400.00%，中间的速度保持不变，如图3-32所示。

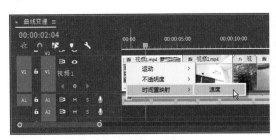

图3-31 选择"速度"命令

图3-32 调整速度

步骤 04 拖动速度关键帧，将其拆分为左右两个部分，调整速度关键帧和速度标记的位置，以改变视频剪辑的长度，使视频剪辑右侧的剪辑点与音频标记对齐，如图3-33所示。

步骤 05 采用同样的方法，对"视频2"剪辑进行变速调整，如图3-34所示。在调整速度时，加快两个视频剪辑组接位置的速度，即可形成变速转场效果。

步骤 06 根据需要继续对其他视频剪辑进行变速调整，并使视频剪辑的剪辑点与音频标记对齐，如图3-35所示。

图3-33　拆分与调整速度关键帧

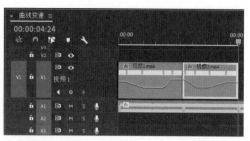

图3-34　对"视频2"剪辑进行变速调整

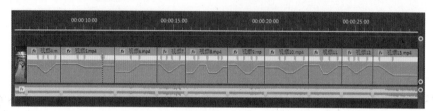

图3-35　对其他视频剪辑进行变速调整

步骤 **07** 在"节目"面板中播放视频，预览视频曲线变速效果，如图3-36所示。

图3-36　视频曲线变速效果

任务五　制作短视频踩点效果

短视频踩点效果即视频画面随着音乐的节奏发生变化，使用这种效果可以使短视频的播放张弛有度、节奏流畅。下面将介绍如何在Premiere Pro CC 2019中制作音乐踩点效果和分屏踩点效果。

效果——短视频踩点

制作音乐踩点效果

↘ 一、制作音乐踩点效果

制作音乐踩点效果的具体操作方法如下。

步骤 **01** 打开"素材文件\项目三\踩点视频.prproj"项目文件，按【Ctrl+N】组合键新建序列，设置"时基""帧大小"等序列参数（见图3-37），然后输入序列名称"踩点视频"，单击"确定"按钮。

步骤 **02** 在"项目"面板中双击"音乐"素材，在"源"面板中预览"音乐"素材，然后在音乐节奏位置添加标记，如图3-38所示。

图3-37　设置序列参数

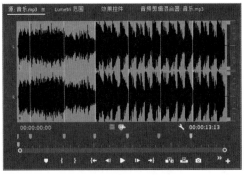

图3-38　添加标记

步骤 03 将"音乐"素材添加到序列的A1轨道上。将"青岛1"视频剪辑添加到V1轨道上，对视频剪辑进行变速调整，然后修剪视频剪辑，使其右端与"音乐"素材的第1个标记对齐，如图3-39所示。

步骤 04 依次添加"青岛2""栈桥景区1""跨海大桥""栈桥景区2""崂山景区""小红楼美术馆""西海岸新区""太平山索道"等视频剪辑，并将视频剪辑的长度修剪为8帧，如图3-40所示。

图3-39　添加音频素材和视频剪辑

图3-40　添加并修剪视频剪辑

步骤 05 在修剪视频剪辑时，可以选中要修剪的视频剪辑，按【Ctrl+R】组合键打开"剪辑速度/持续时间"对话框；单击 🔗 按钮断开链接，设置"持续时间"为8帧，选中"波纹编辑，移动尾部剪辑"复选框，然后单击"确定"按钮，如图3-41所示。

步骤 06 选中第2个视频剪辑，为其添加"变换"效果，在"效果控件"面板中启用"缩放"动画，添加两个关键帧，设置"缩放"参数分别为130.0、100.0，如图3-42所示，制作画面缩小动画。

图3-41　设置"持续时间"

图3-42　编辑"缩放"动画

步骤 07 在"效果控件"面板中选中"变换"效果，然后按【Ctrl+C】组合键复制效果。在序列中选中其他视频剪辑，按【Ctrl+V】组合键粘贴"变换"效果，即可为所选视频剪辑应用同样的画面缩小动画，如图3-43所示。

步骤 08 在前两个视频剪辑之间添加"交叉溶解"过渡效果，设置过渡效果的"持续时间"为5帧。选中"交叉溶解"过渡效果，按【Ctrl+C】组合键复制该过渡效果，如图3-44所示。

图3-43 复制"变换"效果　　　　　图3-44 复制"交叉溶解"过渡效果

步骤 09 按住【Shift】键的同时单击要添加过渡效果的剪辑点，如图3-45所示。

步骤 10 按【Ctrl+V】组合键，粘贴"交叉溶解"过渡效果，如图3-46所示。

图3-45 选中剪辑点　　　　　　　图3-46 粘贴"交叉溶解"过渡效果

步骤 11 在序列中继续添加所需的视频剪辑，并根据需要对视频剪辑进行调速，修剪视频剪辑的长度，使其与音频标记对齐，如图3-47所示。

图3-47 添加并修剪视频剪辑

步骤 12 选中"五四广场"视频剪辑，为其添加"变换"效果。在"效果控件"面板中启用"缩放"动画，在00:00:05:02和00:00:05:17的位置添加关键帧，设置"缩放"参数分别为120.0、100.0，然后调整动画贝塞尔曲线，制作缩小入场动画，如图3-48所示。

步骤 13 在"效果控件"面板中选中"变换"效果，然后按【Ctrl+C】组合键复制该效果。在序列中选中后3个视频剪辑，按【Ctrl+V】组合键粘贴"变换"效果，为所选视频剪辑应用同样的缩小入场动画，如图3-49所示。

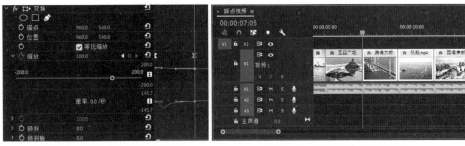

图3-48　编辑"缩放"动画　　　　图3-49　复制"变换"效果

二、制作分屏踩点效果

下面利用"裁剪"效果制作分屏踩点效果，让画面随着音乐逐渐显示，具体操作方法如下。

制作分屏踩点效果

步骤 01 在序列中按住【Alt】键的同时将"栈桥景区2"视频剪辑向上拖动，复制到上方轨道上，将该视频剪辑复制3个，如图3-50所示。

步骤 02 对视频剪辑的开始位置进行修剪，使其依次间隔8帧，如图3-51所示。

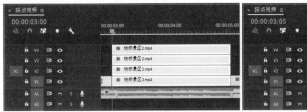

图3-50　复制视频剪辑　　　　图3-51　修剪视频剪辑的开始位置

步骤 03 为4个"栈桥景区2"视频剪辑添加"裁剪"效果，在"效果控件"面板中分别设置V1、V2、V3、V4轨道上各视频剪辑的"裁剪"效果参数，如图3-52所示。

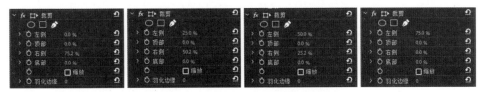

图3-52　添加与设置"裁剪"效果

步骤 04 在"节目"面板中预览视频效果，如图3-53所示。

步骤 05 选中V1轨道上的"栈桥景区2"视频剪辑，再次为其添加"裁剪"效果。将播放指示器移至00:00:04:01的位置，启用"顶部"和"底部"动画，并分别设置参数为30.0%，如图3-54所示。将播放指示器向右移动两帧，设置"顶部"和"底部"参数为0.0%，即可制作出画面竖向展开的动画效果。

图3-53 视频效果（1）

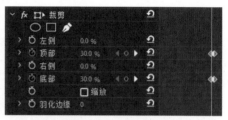

图3-54 设置"裁剪"效果

步骤 06 选中新添加的"裁剪"效果，按【Ctrl+C】组合键复制该效果，然后在序列中选中V2～V4轨道上的视频剪辑，按【Ctrl+V】组合键粘贴"裁剪"效果，如图3-55所示。

步骤 07 根据需要分别调整各视频剪辑"裁剪"效果中关键帧动画的位置，使画面从左到右依次展开。在"节目"面板中预览视频效果，如图3-56所示。

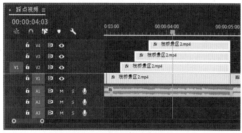

图3-55 复制"裁剪"效果

图3-56 视频效果（2）

📖 **课堂拓展**

对于时长较长的运动镜头，还可以利用"时间重映射"命令制作音乐踩点效果，只需在音乐节奏处对视频剪辑进行加速或减速处理，使视频剪辑的播放速度随着音乐节奏加快或减慢。

任务六 制作画面振动效果

在视频剪辑过程中，除了可以配合背景音乐制作视频踩点效果，还可以配合音乐中的鼓点添加画面振动效果。下面使用Premiere Pro CC 2019制作画面弹出振动效果、色彩偏移振动效果与描边弹出振动效果。

↘ 一、制作画面弹出振动效果

画面弹出振动效果即视频播放到音频节奏点时，画面突然微微放大并弹出具有透明效果的放大画面。使用Premiere Pro CC 2019制作画面弹出振动效果的具体操作方法如下。

效果——画面振动　　制作画面弹出振动效果

步骤 **01** 新建调整图层，将调整图层添加到V2轨道上00:00:05:17的位置，修剪调整图层的长度为10帧，如图3-57所示。

步骤 **02** 为调整图层添加"变换"效果，在"效果控件"面板中启用"变换"效果中的"缩放"动画，添加3个关键帧，设置"缩放"参数分别为100.0、110.0、100.0，如图3-58所示。

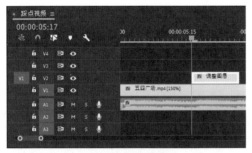

图3-57　添加并修剪调整图层（1）　　　　图3-58　编辑"缩放"动画（1）

步骤 **03** 在V3轨道上添加调整图层，并修剪其长度，如图3-59所示。

步骤 **04** 为调整图层添加"变换"效果，在"效果控件"面板中启用"变换"效果中的"缩放"动画。添加两个关键帧，设置"缩放"参数分别为100.0、300.0，然后调整动画的贝塞尔曲线，如图3-60所示。

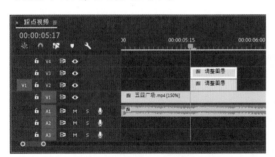

图3-59　添加并修剪调整图层（2）　　　　图3-60　编辑"缩放"动画（2）

步骤 **05** 在"不透明度"效果中设置"混合模式"为"滤色"。编辑"不透明度"动画，添加两个关键帧，设置"不透明度"参数分别为100.0%、0.0%，如图3-61所示。

步骤 **06** 在"节目"面板中预览画面弹出振动效果，如图3-62所示。

图3-61　设置"不透明度"效果　　　　　图3-62　画面弹出振动效果

↘ 二、制作色彩偏移振动效果

在画面弹出振动效果的基础上设置颜色分离，即可生成色彩偏移振动效果。使用Premiere Pro CC 2019制作色彩偏移振动效果的具体操作方法如下。

制作色彩偏移振动效果

步骤 01 为V2轨道上的调整图层添加"VR色差"效果，在"效果控件"面板中取消选中"自动VR属性"复选框，设置"帧布局"为"立体-上/下"，启用"色差（红色）""色差（绿色）""色差（蓝色）"动画，如图3-63所示。

步骤 02 根据需要编辑"色差（红色）""色差（绿色）""色差（蓝色）"关键帧动画，如图3-64所示。

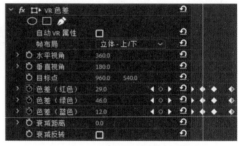

图3-63 设置"VR色差"效果	图3-64 编辑色差关键帧动画

步骤 03 在"节目"面板中预览色彩偏移振动效果，如图3-65所示。

图3-65 色彩偏移振动效果

↘ 三、制作描边弹出振动效果

识别画面中有明显过渡的图像区域并突出其边缘，形成具有描边效果的画面，然后通过设置"缩放"和"不透明度"关键帧制作弹出动画，与原画面叠加后即可形成炫酷的描边弹出振动效果。

使用Premiere Pro CC 2019制作描边弹出振动效果的具体操作方法如下。

制作描边弹出振动效果

步骤 01 将调整图层添加到V3轨道上，如图3-66所示。

步骤 02 为调整图层添加"查找边缘"效果，在"效果控件"面板的"查找边缘"效果中选中"反转"复选框，在"不透明度"效果中设置"混合模式"为"线性减淡（添加）"，如图3-67所示。

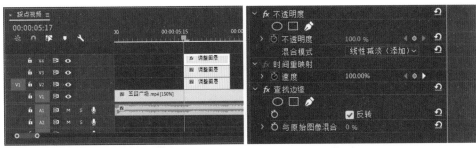

图3-66 添加调整图层　　　　　　　　图3-67 设置"查找边缘"和"不透明度"效果

步骤 03 在"节目"面板中预览画面效果，如图3-68所示。

步骤 04 为调整图层添加"变换"效果，启用"缩放"动画，添加两个关键帧，设置"缩放"参数分别为100.0、400.0，如图3-69所示。

图3-68 画面效果

图3-69 编辑"缩放"动画

步骤 05 编辑"不透明度"动画，添加两个关键帧，设置"不透明度"参数分别为100.0%、0.0%，然后调整动画的贝塞尔曲线，如图3-70所示。

步骤 06 在"节目"面板中预览描边弹出振动效果，如图3-71所示。

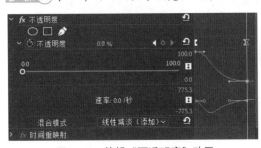

图3-70 编辑"不透明度"动画

图3-71 描边弹出振动效果（1）

步骤 07 为调整图层添加"色调"效果，在"色调"效果中设置"将白色映射到"颜色为红色，"着色量"为50.0%，如图3-72所示。

步骤 08 在"节目"面板中预览更改色调后的描边弹出振动效果，如图3-73所示。

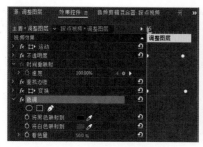

图3-72　设置"色调"效果

图3-73　描边弹出振动效果（2）

任务七　制作画面频闪效果

画面频闪效果常用于快节奏的短视频中，添加该效果后，视频画面会随着音乐的节拍快速闪烁。使用Premiere Pro CC 2019制作画面频闪效果的具体操作方法如下。

效果——画面频闪

制作画面频闪效果

步骤 01 在00:00:06:04的位置添加调整图层，将调整图层修剪为15帧，如图3-74所示。

步骤 02 为调整图层添加"闪光灯"效果，在"效果控件"面板中设置"闪光色"为白色，"与原始图像混合"为50%，"闪光运算符"为"复制"，"闪光周期（秒）"为0.10，"闪光持续时间（秒）"为0.05，如图3-75所示。

图3-74　添加并修剪调整图层

图3-75　设置"闪光灯"效果

步骤 03 在"节目"面板中播放视频，预览画面频闪效果，如图3-76所示。

步骤 04 还可根据需要选择其他闪光色或闪光运算符，如选择蓝色闪光色和"相加"运算符后，画面的频闪效果如图3-77所示。除了制作颜色频闪效果，使用"闪光灯"效果还可制作两个镜头画面的交替频闪效果，只需在视频剪辑上方叠加画面，在"闪光灯"效果中设置"闪光"为"使用图层透明"。

图3-76　画面频闪效果

图3-77　调整后的画面频闪效果

任务八　制作定格照片效果

下面使用Premiere Pro CC 2019将视频中的指定画面定格为照片，并添加画面定格动画，使画面停留片刻后再继续播放视频，具体操作方法如下。

效果——定格照片　　制作定格照片效果

步骤 01 打开"素材文件\项目三\定格拍照\定格照片.prproj"项目文件，在时间轴面板中将播放指示器移至00:00:08:00的位置，然后用鼠标右键单击视频剪辑，选择"添加帧定格"命令，如图3-78所示。

步骤 02 此时播放指示器所在位置的视频剪辑被拆分，其后的视频剪辑变为静止帧，根据需要修剪静止帧的长度，然后将其重命名为"定格0800"，如图3-79所示。

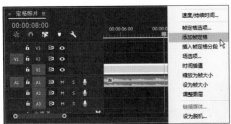 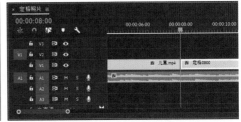

图3-78　选择"添加帧定格"命令　　　　　　　图3-79　重命名剪辑

📖 **课堂拓展**

在序列中对视频剪辑重命名后，如果从属于相同视频素材的其他视频剪辑的名称也发生了改变，可以选择"文件"|"项目设置"|"常规"命令，在弹出的对话框中取消选中"针对所有实例显示项目项的名称和标签颜色"复选框，然后单击"确定"按钮。

步骤 03 为"定格0800"剪辑添加"高斯模糊"效果，在"效果控件"面板中设置"高斯模糊"效果参数，如图3-80所示。

步骤 04 在时间轴面板中将播放指示器移至00:00:02:05的位置，然后按住【Alt】键向上拖动"儿童"视频剪辑，将其复制到V2轨道上。用鼠标右键单击V2轨道上的视频剪辑，选择"添加帧定格"命令，如图3-81所示。

 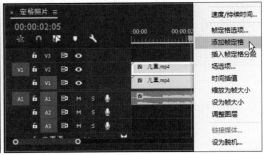

图3-80　设置"高斯模糊"效果　　　　　　图3-81　选择"添加帧定格"命令

步骤 05 删除静止帧前的视频剪辑，将静止帧重命名为"定格0205"，如图3-82所示。

步骤 06 将"定格0205"剪辑的开始位置移至00:00:08:00的位置，修剪剪辑，如图3-83所示。

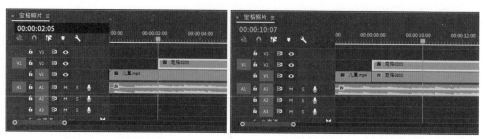

图3-82　重命名剪辑　　　　　　　　　　图3-83　移动与修剪剪辑

步骤 07 为"定格0205"剪辑添加"裁剪"效果，在"效果控件"面板选中"裁剪"效果，如图3-84所示。

步骤 08 在"节目"面板中拖动裁剪框，裁剪画面，如图3-85所示。

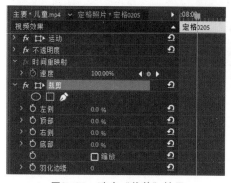

图3-84　选中"裁剪"效果　　　　　　　　图3-85　裁剪画面

步骤 09 在"效果控件"面板中选中"运动"效果，设置"锚点"参数（见图3-86），使锚点位于剪辑画面的中心位置。在"节目"面板中预览锚点位置，如图3-87所示。

图3-86　设置"锚点"参数　　　　　　　　图3-87　锚点位置

步骤 10 在"运动"效果中调整"位置"参数，调整剪辑画面的位置，在"节目"面板中预览画面效果，如图3-88所示。

步骤 11 为"定格0205"剪辑添加"油漆桶"效果，在"效果控件"面板中设置"油漆桶"效果,设置"填充选择器"为"Alpha通道","描边"为"描边","描边宽度"为5.0,如图3-89所示。

图3-88　画面效果　　　　　　　图3-89　设置"油漆桶"效果

步骤12 为"定格0205"剪辑添加"投影"效果,在"效果控件"面板中设置"不透明度""距离""柔和度"等参数,如图3-90所示。

步骤13 在"节目"面板中预览添加"油漆桶"效果和"投影"效果后的画面,如图3-91所示。

图3-90　设置"投影"效果　　　　　图3-91　预览画面效果

步骤14 为"定格0205"剪辑添加"变换"效果,取消选中"使用合成的快门角度"复选框,设置"快门角度"为360.00。设置"锚点"和"位置"参数,使其与"运动"效果中的"锚点"参数一致,如图3-92所示。

步骤15 启用"缩放"动画,在00:00:08:00和00:00:08:15的位置添加关键帧,设置"缩放"参数分别为215.0、100.0,然后调整动画的贝塞尔曲线。启用"旋转"动画,在相同位置添加关键帧,设置"旋转"参数分别为0.0°、−2.0°,如图3-93所示。

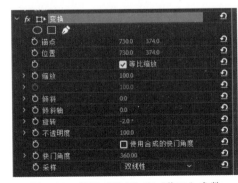

图3-92　设置"锚点"和"位置"参数　　　图3-93　编辑"缩放"和"旋转"动画

步骤16 在"节目"面板中预览动画效果，如图3-94所示。

步骤17 创建调整图层，并将其添加到V3轨道上，在00:00:08:00的位置分割调整图层，在两个调整图层之间添加"白场过渡"效果。将"拍照音效"素材添加到A2轨道上，并将其移至转场位置，如图3-95所示。

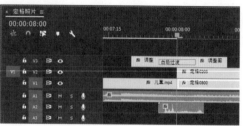

图3-94 动画效果 　　　　　　　　图3-95 添加过渡效果和"拍照音效"素材

步骤18 采用同样的方法继续制作其他定格照片效果，如图3-96所示。

步骤19 通过调整剪辑的"运动"效果设置每个剪辑画面的大小、位置和角度，在"节目"面板中预览定格照片效果，如图3-97所示。

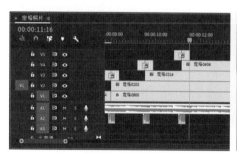

图3-96 制作其他定格照片效果 　　　　　图3-97 定格照片效果

任务九　制作快速翻页短视频片头

优秀的短视频作品少不了精彩的片头。下面使用Premiere Pro CC 2019制作快速翻页短视频片头，具体操作方法如下。

效果——快速翻　　制作快速翻页
页短视频片头　　短视频片头

步骤01 新建"快速翻页片头"项目文件，并导入素材文件，如图3-98所示。

步骤02 按【Ctrl+N】组合键新建序列，设置"时基""帧大小"等序列参数（见图3-99），输入序列名称"快速翻页片头"，然后单击"确定"按钮。

步骤03 将"1 黄果树瀑布"视频剪辑添加到序列中，修剪视频剪辑的长度为8帧，如图3-100所示。

步骤04 按【Ctrl+C】组合键复制视频剪辑，按【Ctrl+V】组合键粘贴视频剪辑，将视频剪辑复制13次，如图3-101所示。

图3-98 导入素材文件

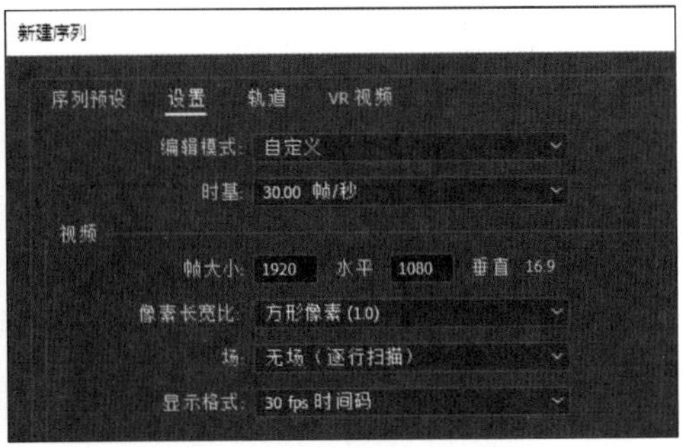

图3-99 设置序列参数

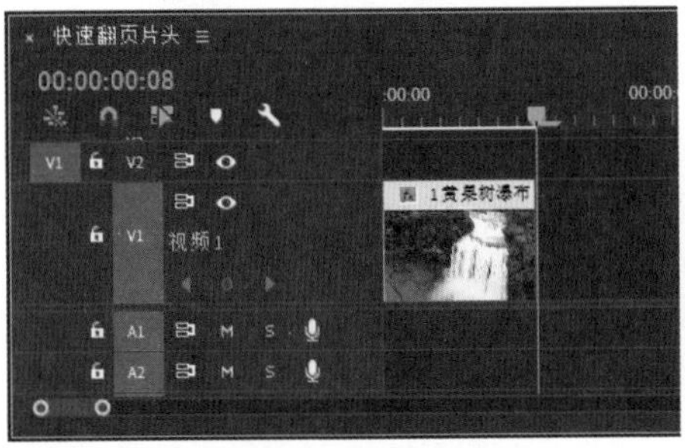

图3-100 修剪视频剪辑

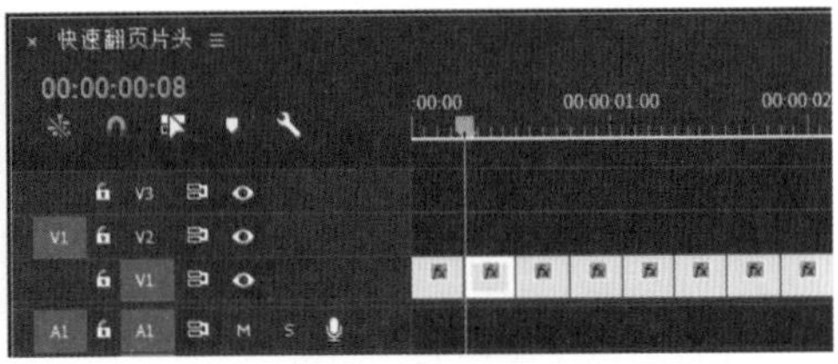

图3-101 复制视频剪辑

步骤 05 在"项目"面板中双击"2 梵净山"视频素材，在"源"面板中标记入点，如图3-102所示。

步骤 06 在序列中选中第2个视频剪辑，选择"剪辑"|"替换为剪辑"|"从源监视器"命令，如图3-103所示，替换选中的视频剪辑。也可在"源"面板中按住【Alt】键拖动"仅拖动视频"按钮█到序列中的视频剪辑上进行替换。

图3-102 标记入点

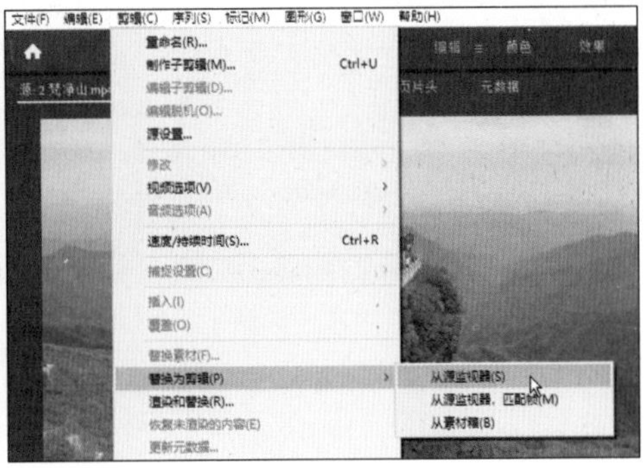

图3-103 选择"从源监视器"命令

步骤 07 采用同样的方法，依次替换其他视频剪辑。按【Ctrl+A】组合键全选视频剪辑，然后用鼠标右键单击选中的视频剪辑，选择"设为帧大小"命令，如图3-104所示。

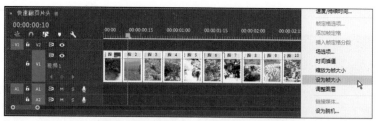

图3-104　选择"设为帧大小"命令

步骤 **08** 选中V1轨道上的所有视频剪辑，按住【Alt】键的同时向上拖动视频剪辑，将其复制到V2轨道上，如图3-105所示。

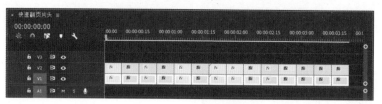

图3-105　复制视频剪辑

步骤 **09** 选中V2轨道上的第1个视频剪辑，为其添加"变换"效果。在"效果控件"面板中启用"变换"效果中的"位置"动画，分别在第0帧和第3帧位置添加关键帧，设置第0帧位置的y坐标参数为-720.0，然后调整动画的贝塞尔曲线。取消选中"使用合成的快门角度"复选框，设置"快门角度"为360.00，如图3-106所示。

步骤 **10** 在"效果控件"面板中选中"变换"效果，按【Ctrl+C】组合键复制该效果，然后在序列中选中V2轨道上的其他视频剪辑，按【Ctrl+V】组合键粘贴"变换"效果，如图3-107所示。

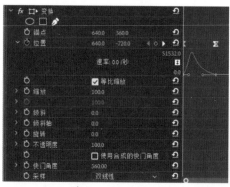

图3-106　设置"变换"效果

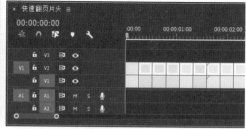

图3-107　复制"变换"效果

步骤 **11** 在时间轴面板中将播放指示器定位到最左侧，然后按【↓】键将播放指示器定位到第1个剪辑点，按3次【→】键将播放指示器向右移动3帧。按【N】键调用滚动编辑工具，选中V1轨道上的第1个剪辑点，如图3-108所示。

步骤 **12** 按【E】键将所选的剪辑点扩展到播放指示器位置，如图3-109所示。采用同样的方法，继续调整V1轨道上的其他剪辑点。

图3-108　使用滚动编辑工具选中剪辑点

图3-109　将剪辑点扩展到播放指示器位置

步骤⑬ 使用选择工具修剪V1轨道上第1个视频剪辑的入点到第1个剪辑点位置（见图3-110），然后向右修剪V1轨道上最后一个视频剪辑的出点到00:00:04:00的位置。

图3-110　使用选择工具修剪视频剪辑

步骤⑭ 按【Ctrl+A】组合键选中所有视频剪辑，然后用鼠标右键单击所选视频剪辑，选择"嵌套"命令，在弹出的对话框中输入名称，然后单击"确定"按钮，创建嵌套序列，如图3-111所示。

步骤⑮ 在序列中添加"音频"素材，根据需要利用"时间重映射"命令对"翻页"剪辑进行变速调整。在序列的最后添加"15乌江寨"视频剪辑，在最后的两个剪辑之间添加"白场过渡"效果，如图3-112所示。

图3-111　创建嵌套序列

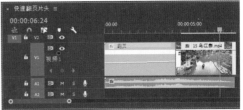

图3-112　添加"白场过渡"效果

步骤⑯ 快速翻页视频片头制作完成。在"节目"面板中预览视频效果，如图3-113所示。

图3-113　视频效果

项目实训

1. 打开"素材文件\项目三\项目实训\音乐踩点.prproj"项目文件，导入"视频1"素材，制作蒙版动画踩点效果。

操作提示：在音乐节奏点位置添加标记；对视频素材进行速度调整；在音乐标记位置分割视频素材；替换视频剪辑。

2. 打开"素材文件\项目三\项目实训\快速翻页.prproj"项目文件，导入"视频2"素材，制作快速翻页视频片头。

操作提示：在序列中将视频剪辑分割为25段；在"源"面板中标记视频素材的入点，然后逐个替换序列中的视频剪辑；复制视频剪辑到上一层轨道，使用滚动编辑工具对下一层轨道中各视频剪辑的出点进行修剪。

项目四
短视频转场特效的制作

【学习目标】

知识目标	掌握制作经典类转场特效的方法； 掌握制作创意类转场特效的方法
核心技能	能够制作穿梭转场效果、渐变擦除转场效果和主体与背景分离的转场效果； 能够制作画面分割转场效果、偏移转场效果、光影模糊转场效果和光效转场效果； 能够制作折叠转场效果、运动无缝转场效果、瞳孔转场效果和水墨转场效果； 能够制作无缝放大转场效果和旋转扭曲转场效果
素养目标	通过短视频进行文化传承，弘扬中华优秀传统文化； 运用短视频讲好中国故事，传播中国声音，增强文化自信

【内容体系】

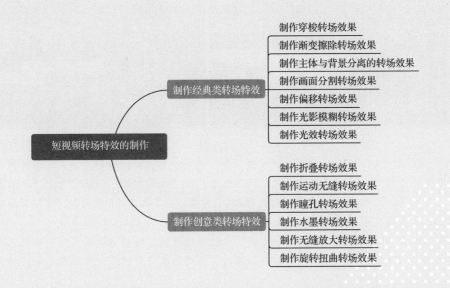

【项目导语】

在短视频剪辑中，两段视频之间的转换称为转场。转场可分为技巧性转场和无技巧转场。技巧性转场通过在两段视频素材之间添加特效，使视频素材之间的转换更具创意性；无技巧转场用镜头的自然过渡来连接上下两个镜头的内容，主要用于蒙太奇镜头之间的转换。本项目将详细介绍技巧性转场特效的制作方法。

任务一　制作经典类转场特效

在短视频后期制作中，经常会用到一些经典类转场特效，如穿梭转场效果、渐变擦除转场效果、主体与背景分离的转场效果、画面分割转场效果、偏移转场效果、光影模糊转场效果、光效转场效果等。下面将分别介绍这些转场特效的制作方法。

↘ 一、制作穿梭转场效果

穿梭转场效果具有时空过渡的空间感，可以使镜头之间切换递进的逻辑感较强。在Premiere Pro CC 2019中制作穿梭转场效果的具体操作方法如下。

效果——穿梭转场

制作穿梭转场效果

步骤 01 打开"素材文件\项目四\穿梭转场.prproj"项目文件，打开"穿梭转场"序列，如图4-1所示。

步骤 02 将01视频剪辑移至V2轨道上，将02视频剪辑向左移动15帧，使两个视频剪辑部分重叠。在01视频剪辑右端添加"交叉缩放"过渡效果，并修剪过渡效果为15帧，如图4-2所示。

图4-1　打开序列

图4-2　添加"交叉缩放"过渡效果

步骤 03 在"节目"面板中预览"交叉缩放"过渡效果，可以看到过渡效果播放到一半时就完成了过渡。选中"交叉缩放"过渡效果，在"效果控件"面板中选中"显示实际源"复选框，拖动"结束"控件调整"结束"参数，当参数变为50.0时，"源"画面变为黑色，表示过渡完成，在此将"结束"参数设置为40.0，如图4-3所示。

步骤 04 展开V2轨道，按住【Ctrl】键，在01视频剪辑尾部的不透明度控制柄上单击，添加两个"不透明度"关键帧，并将右侧的"不透明度"关键帧向下拖至底部，制作画面淡出效果，如图4-4所示。

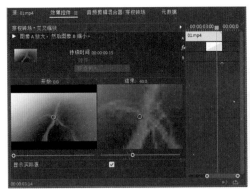

图4-3　设置过渡效果　　　　　　　　图4-4　制作画面淡出效果

步骤 **05** 创建调整图层，并将其添加到V3轨道上的视频剪辑转场位置，修剪调整图层，如图4-5所示。

步骤 **06** 在A2轨道上添加"转场音效"素材，并将其移至视频剪辑的转场位置。为调整图层添加"残影"效果，在"效果控件"面板中设置"残影"效果参数，设置"残影运算符"为"从前至后组合"，如图4-6所示。

图4-5　添加调整图层　　　　　　　　图4-6　设置"残影"效果

步骤 **07** 在"节目"面板中预览穿梭转场效果，如图4-7所示。

图4-7　穿梭转场效果

↘ 二、制作渐变擦除转场效果

渐变擦除转场效果以画面的明暗为渐变的依据，可在两个镜头之间实现画面从亮部到暗部或从暗部到亮部的渐变过渡。在Premiere Pro CC 2019中制作渐变擦除转场效果的具体操作方法如下。

效果——渐变擦除转场

制作渐变擦除转场效果

步骤 01 打开"素材文件\项目四\渐变擦除转场.prproj"项目文件，打开"渐变擦除转场"序列，如图4-8所示。

步骤 02 将02视频剪辑移至V2轨道上，然后将视频剪辑的左端向左修剪20帧，使其与01视频剪辑重叠，对02视频剪辑的重叠部分进行分割，如图4-9所示。

 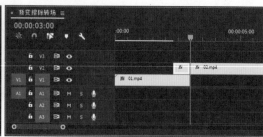

图4-8　打开序列　　　　　　　　　　图4-9　修剪并分割视频剪辑

步骤 03 在"效果"面板中搜索"渐变擦除"，然后双击"渐变擦除"效果，如图4-10所示，将该效果添加到02视频剪辑与01视频剪辑重叠的部分。

步骤 04 在"效果控件"面板中启用"渐变擦除"效果中的"过渡完成"动画，添加两个关键帧，设置"过渡完成"参数分别为100%、0%，设置"过渡柔和度"参数为40%，如图4-11所示。

 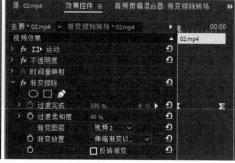

图4-10　添加"渐变擦除"效果　　　　　图4-11　设置"渐变擦除"效果

步骤 05 在"节目"面板中预览渐变擦除转场效果，如图4-12所示。还可以尝试制作不同的渐变擦除转场效果，例如，在"渐变擦除"效果中选中"反转渐变"复选框，实现画面亮部和暗部的反向渐变效果；在"渐变图层"下拉列表中还可以选择指定的视频轨道作为渐变图层。

图4-12　渐变擦除转场效果

三、制作主体与背景分离的转场效果

使用Premiere中的"亮度键"效果可以抠出短视频中指定亮度的所有区域。对于短视频中主体与背景亮度反差较大的画面，使用"亮度键"效果就可以实现主体与背景的分离。在Premiere Pro CC 2019中制作主体与背景分离的转场效果的具体操作方法如下。

效果——主体与背景分离的转场　　制作主体与背景分离的转场效果

步骤01 打开"素材文件\项目四\主体与背景分离转场.prproj"项目文件，打开序列。将"女孩"视频剪辑移至V2轨道上，将播放指示器移至开始转场的位置，按【Ctrl+K】组合键对"女孩"视频剪辑进行分割，选中"女孩"视频剪辑中用于转场的部分，如图4-13所示。

步骤02 在"效果"面板中搜索"亮度键"，双击"亮度键"效果，即可为所选视频剪辑添加该效果，如图4-14所示。

图4-13　分割视频剪辑　　　　　　　图4-14　添加"亮度键"效果

步骤03 在"效果控件"面板中启用"亮度键"效果中的"阈值"和"屏蔽度"动画，为这两个动画分别添加两个关键帧，设置左侧关键帧参数为0.0%，右侧关键帧参数为100.0%，如图4-15所示。

步骤04 在"节目"面板中预览转场效果，如图4-16所示。此时，可以看到画面在转场时从暗部到亮部开始溶解，但这并不是我们想要的效果。

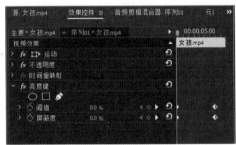 

图4-15　设置"亮度键"效果　　　　　图4-16　转场效果

📖 **课堂拓展**

　　在"亮度键"效果中，"阈值"参数用于消除图像中较暗的部分，数值越大，消除部分越多；"屏蔽值"参数用于消除画面中较亮的部分，数值越大，消除部分越多。

步骤 05 在"效果控件"面板中将播放指示器移至第2个关键帧的位置，将"阈值"参数修改为99%，如图4-17所示。

步骤 06 在"节目"面板中预览转场效果，如图4-18所示。此时，可以看到画面在转场时从亮部到暗部开始溶解。

图4-17　修改"阈值"参数　　　　　图4-18　转场效果（1）

步骤 07 在"效果控件"面板中拖动播放指示器，直到人物完全从背景中分离出来，分别单击"阈值"和"屏蔽度"属性右侧的"添加关键帧"按钮，在播放指示器所在位置添加两个关键帧，如图4-19所示。

步骤 08 选中播放指示器所在位置的两个关键帧，然后按住【Alt】键将其向左拖动，复制两个关键帧，如图4-20所示，即可在转场时让分离出的人物停留一段时间后消失。

图4-19　添加关键帧　　　　　图4-20　复制关键帧

步骤 09 根据需要分别向左调整"屏蔽度"关键帧的位置，调整转场效果，如图4-21所示。

步骤 10 在"节目"面板中预览转场效果，如图4-22所示。

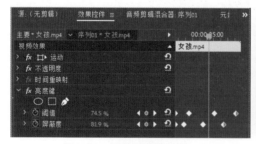 

图4-21　调整关键帧位置　　　　　图4-22　转场效果（2）

四、制作画面分割转场效果

画面分割转场是指将前一镜头从任意位置分割并划出画面，同时显现下一镜头画面。在Premiere Pro CC 2019中可以使用蒙版制作画面分割转场效果，也可以使用视频效果制作画面分割转场效果。

效果——画面 分割转场　　使用蒙版制作画面分割转场效果

1. 使用蒙版制作画面分割转场效果

使用蒙版可以将画面分割为多个部分，然后为每个部分制作蒙版路径动画，以制作画面分割转场效果，具体操作方法如下。

步骤01 打开"素材文件\项目四\画面分割转场.prproj"项目文件，打开序列。将01视频剪辑移至V2轨道上，修剪01视频剪辑的尾部，使其与02视频剪辑重叠一部分，然后对重叠的部分进行分割，如图4-23所示。

步骤02 在"效果控件"面板的"不透明度"效果中单击"创建4点多边形蒙版"按钮▣，创建"蒙版（1）"，设置"蒙版羽化"为0.0，如图4-24所示。

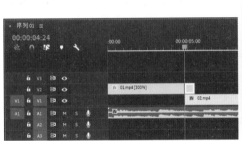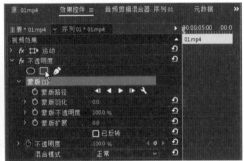

图4-23　修剪并分割视频剪辑　　　　　图4-24　创建蒙版

步骤03 在"节目"面板中调整蒙版路径，使其框住画面的上半部分，下半部分显示02视频剪辑中的画面，如图4-25所示。

步骤04 将"蒙版（1）"重命名为"蒙版（上）"，按【Ctrl+C】组合键复制"蒙版（上）"，按【Ctrl+V】组合键粘贴"蒙版（上）"，并将其重命名为"蒙版（下）"，然后选中"蒙版（下）"，如图4-26所示。

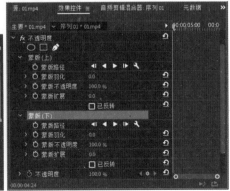

图4-25　调整蒙版路径（1）　　　　　图4-26　复制与重命名蒙版

步骤05 在"节目"面板中选中蒙版上方的两个锚点，然后按住【Shift】键将其拖至下方，以显示01视频剪辑的下半部分画面，如图4-27所示。

步骤06 在"蒙版（上）"中启用"蒙版路径"动画，然后将播放指示器拖至视频剪辑右侧，添加第2个关键帧，如图4-28所示。

图4-27 调整蒙版路径（2）

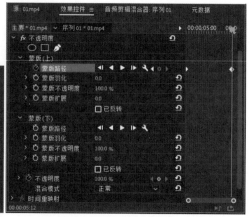

图4-28 编辑"蒙版路径"动画

步骤07 选中"蒙版（上）"，在"节目"面板中选中蒙版右侧的两个锚点，然后按住【Shift】键将其拖至左侧，使蒙版范围逐渐变小，以显示02视频剪辑画面的上半部分，如图4-29所示。采用同样的方法编辑"蒙版（下）"的"蒙版路径"动画，让蒙版从左向右逐渐变小，显示02视频剪辑画面的下半部分。

步骤08 在"节目"面板中预览画面分割转场效果，如图4-30所示。

图4-29 调整蒙版路径

图4-30 画面分割转场效果

2. 使用视频效果制作画面分割转场效果

除了可以使用蒙版制作画面分割转场效果，还可以使用"裁剪""线性擦除"等视频效果制作画面分割转场效果。下面以"线性擦除"效果为例讲解制作画面分割转场效果的具体操作方法。

使用视频效果制作画面分割转场效果

步骤01 将03视频剪辑移至V2轨道上，修剪03视频剪辑的头部，使其与02视频剪辑重叠一部分，然后对重叠的部分进行分割，如图4-31所示。

步骤02 为分割的视频剪辑添加"线性擦除"效果，在"效果控件"面板中设置"过渡完成"参数为50%，"擦除角度"参数为151.0°，如图4-32所示。

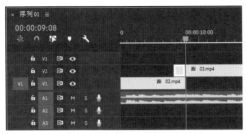

图4-31　修剪与分割视频剪辑　　　　　　　　图4-32　设置"线性擦除"效果

步骤 03 在"节目"面板中预览画面效果，可以看到擦除了03视频剪辑画面的左上部分被擦除，如图4-33所示。

步骤 04 在"线性擦除"效果中启用"过渡完成"动画，添加两个关键帧，设置第1个关键帧的参数为100%，如图4-34所示。

图4-33　画面效果　　　　　　　　　图4-34　编辑"过渡完成"动画

步骤 05 在序列中按住【Alt】键向上拖动重叠部分的03视频剪辑，将其复制到V3轨道上，如图4-35所示。

步骤 06 选中复制出的03视频剪辑，在"线性擦除"效果中设置"擦除角度"参数为-29.0°，如图4-36所示。

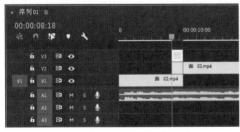

图4-35　复制视频剪辑　　　　　　　　图4-36　设置"擦除角度"参数

步骤 07 在"节目"面板中预览画面分割转场效果，如图4-37所示。

图4-37　画面分割转场效果

↘ 五、制作偏移转场效果

偏移转场效果的制作原理是在切换镜头时，为两个镜头添加同一方向的位置移动和动态模糊效果，以模拟摄像机的运镜效果。在Premiere Pro CC 2019中制作偏移转场效果的具体操作方法如下。

效果——偏移转场　　制作偏移转场效果

步骤 01 打开"素材文件\项目四\偏移转场.prproj"项目文件，打开序列，创建调整图层并将其添加到V2轨道上，修剪调整图层为15帧，如图4-38所示。

步骤 02 为调整图层添加"偏移"效果，启用该效果中的"将中心移位至"动画，添加两个关键帧。第1个关键帧的参数保持不变，调整第2个关键帧参数中的x坐标参数，让画面滚动多次后回到原来的位置，然后调整动画的贝塞尔曲线，如图4-39所示。

图4-38　添加与修剪调整图层　　　　图4-39　设置"偏移"效果

步骤 03 为调整图层添加"方向模糊"效果，设置"方向"参数为90.0°。启用"模糊长度"动画，添加3个关键帧，设置"模糊长度"参数分别为0.0、280.0、0.0，如图4-40所示。

步骤 04 为调整图层添加"Alpha调整"效果，在效果中选中"忽略Alpha"复选框，将忽略Alpha通道效果以消除黑边，如图4-41所示。

图4-40　设置"方向模糊"效果　　　　图4-41　设置"Alpha调整"效果

步骤 05 在"节目"面板中预览偏移转场效果，如图4-42所示。

图4-42　偏移转场效果

六、制作光影模糊转场效果

效果——光影　　制作光影模糊
模糊转场　　　转场效果

光影模糊转场是指在切换镜头时融入模糊和曝光效果，使转场效果更加自然。在Premiere Pro CC 2019中制作光影模糊转场效果的具体操作方法如下。

步骤01 打开"素材文件\项目四\光影模糊转场.prproj"项目文件，打开序列，在两个视频剪辑之间添加"交叉溶解"过渡效果。创建调整图层并将其添加到V2轨道上的视频剪辑转场位置，对调整图层进行修剪，如图4-43所示。

步骤02 为调整图层添加"高斯模糊"效果，在"效果控件"面板中启用"高斯模糊"效果中的"模糊度"动画。添加3个关键帧，设置"模糊度"参数分别为0.0、100.0、0.0，选中"重复边缘像素"复选框，如图4-44所示。

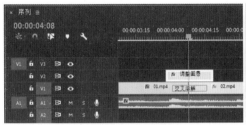

图4-43　添加并修剪调整图层　　　图4-44　设置"高斯模糊"效果

步骤03 在序列中按住【Alt】键向上拖动调整图层，将其复制到V3轨道上，如图4-45所示。

步骤04 选中复制的调整图层，在"效果控件"面板中启用"不透明度"动画，添加3个关键帧，设置"不透明度"参数分别为0.0%、100.0%、0.0%，设置"混合模式"为"颜色减淡"，如图4-46所示。

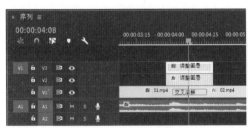

图4-45　复制调整图层　　　图4-46　设置"不透明度"动画

步骤05 在"节目"面板中预览光影模糊转场效果，如图4-47所示。

图4-47　光影模糊转场效果

↘ 七、制作光效转场效果

光效转场效果的制作方法比较简单，只需在镜头转场处添加光效视频素材，并设置素材的混合模式即可，具体操作方法如下。

效果——光效
转场

制作光效转场
效果

步骤 01 打开"素材文件\项目四\光效转场.prproj"项目文件，在"项目"面板中双击"光效"素材，在"源"面板中对要使用的光效部分标记入点和出点，如图4-48所示。

步骤 02 将播放指示器移至画面中最亮的部分，按【M】键添加标记，如图4-49所示。

图4-48 标记入点和出点   图4-49 添加标记

步骤 03 打开序列，将"光效"视频剪辑添加到V2轨道上，调整视频剪辑的位置，使标记与视频剪辑的转场位置对齐，如图4-50所示。

步骤 04 在"效果控件"面板的"不透明度"效果中设置"混合模式"为"滤色"，如图4-51所示。

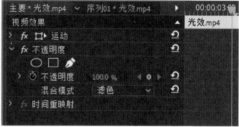

图4-50 添加"光效"视频剪辑   图4-51 设置"混合模式"

步骤 05 在"节目"面板中预览光效转场效果，如图4-52所示。

图4-52 光效转场效果

任务二 制作创意类转场特效

创意类转场特效相对于经典类转场特效更具开放性，在制作时可以根据画面中的形状、色彩、明暗等元素，灵活运用蒙版及运动参数等，从而制作出更具创意性的转场效果。下面将分别介绍折叠转场效果、运动无缝转场效果、瞳孔转场效果、水墨转场效果、无缝放大转场效果、旋转扭曲转场效果的制作方法。

一、制作折叠转场效果

折叠转场是指在两个镜头进行切换时添加折叠翻页的过渡画面，常用于视频花絮部分。在Premiere Pro CC 2019中制作折叠转场效果的具体操作方法如下。

效果——折叠转场 制作折叠转场效果

步骤 **01** 打开"素材文件\项目四\折叠转场.prproj"项目文件，打开序列，如图4-53所示。

步骤 **02** 将"视频1"视频剪辑移至V2轨道上，修剪视频剪辑的尾部，使其与"视频2"视频剪辑的头部重叠，然后对重叠部分进行分割，如图4-54所示。

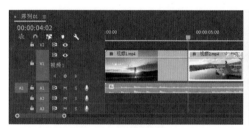

图4-53 打开序列 图4-54 修剪与分割视频剪辑

步骤 **03** 为重叠部分添加"变换"效果，在"变换"效果中设置"锚点"和"位置"参数的x坐标均为0.0，如图4-55所示。

步骤 **04** 在"效果控件"面板中选中"变换"效果，在"节目"面板中可以看到画面中的锚点已移至画面左侧，如图4-56所示。

图4-55 设置"锚点"和"位置"参数 图4-56 画面效果

步骤 **05** 在"变换"效果中取消选中"等比缩放"复选框，然后启用"缩放宽度"动画，添加两个关键帧，分别设置"缩放宽度"参数为100.0、-3.0，取消选中"使用合成的快门角度"复选框，设置"快门角度"为360.00，如图4-57所示。

步骤 **06** 为"视频2"视频剪辑添加"变换"效果，设置"锚点"和"位置"参数的x坐标均为1920.0，使画面中的锚点位于画面右侧。取消选中"等比缩放"复选框，启用"缩放宽度"动画，添加两个关键帧，分别设置"缩放宽度"参数为1.0、100.0，取消选中"使用合成的快门角度"复选框，设置"快门角度"为360.00，如图4-58所示。

图4-57 设置"变换"效果（1）　　　图4-58 设置"变换"效果（2）

步骤07 在"视频2"剪辑的"变换"效果中，根据需要稍微向左移动第2个关键帧的位置，消除视频转场时的黑色间隙。在"节目"面板中预览折叠转场效果，如图4-59所示。

图4-59 折叠转场效果

二、制作运动无缝转场效果

　　运动无缝转场是短视频中常见的转场方式之一，其制作原理是运用蒙版遮罩功能将穿过整个画面的物体边缘作为下一个画面出现的起始点，并逐渐显示下一个画面。在Premiere Pro CC 2019中制作运动无缝转场效果的具体操作方法如下。

效果——运动无缝转场　　　制作运动无缝转场效果

步骤01 打开"素材文件\项目四\运动无缝转场.prproj"项目文件，在"源"面板中预览第1段视频素材，视频内容为小桥栏杆从下向上、从入镜到出镜的运动镜头，栏杆将画面分为栏杆以上和栏杆以下两部分，如图4-60所示。

步骤02 将第1段视频素材添加到V2轨道上，创建颜色为白色的"颜色遮罩"素材，并将其添加到V1轨道上，如图4-61所示。

图4-60 预览视频素材　　　　　图4-61 添加素材

步骤 03 选中视频素材，在"效果控件"面板的"不透明度"效果中选择钢笔工具，创建蒙版，启用"蒙版路径"动画，设置"蒙版羽化"参数为0.0，选中"已反转"复选框，如图4-62所示。

步骤 04 双击"节目"面板将其最大化，将播放指示器移至栏杆以上的画面刚刚出现的位置，使用钢笔工具绘制蒙版路径，如图4-63所示。

图4-62 设置蒙版参数

图4-63 绘制蒙版路径

步骤 05 滚动鼠标滚轮逐帧预览视频，并调整蒙版路径，使蒙版路径始终框住栏杆以上部分，如图4-64所示。

图4-64 逐帧调整蒙版路径

此时，"不透明度"效果中自动生成一系列"蒙版路径"关键帧，如图4-65所示。

步骤 06 将第2段视频素材拖至V1轨道上，使其覆盖"颜色遮罩"素材。在"节目"面板中预览运动无缝转场效果，如图4-66所示。

图4-65 自动生成"蒙版路径"关键帧

图4-66 运动无缝转场效果

三、制作瞳孔转场效果

瞳孔转场以瞳孔为中心点展现过渡镜头的画面内容，这种转场效果可以使观众产生强烈的代入感并富有创意。在Premiere Pro CC 2019中制作瞳孔转场效果的具体操作方法如下。

效果——瞳孔转场

制作瞳孔转场效果

步骤 01 打开"素材文件\项目四\瞳孔转场.prproj"项目文件，打开序列，将"眼睛"视频剪辑添加到V2轨道上，将"海鸥"视频剪辑添加到V1轨道上，如图4-67所示。

步骤 02 为"眼睛"视频剪辑添加"变换"效果，将播放指示器移至睁开眼睛的位置，单击"创建椭圆形蒙版"按钮█，创建蒙版，如图4-68所示。

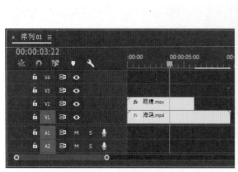

图4-67　添加视频剪辑　　　　　　　　　　图4-68　创建蒙版

步骤 03 在"节目"面板中调整蒙版路径，使其框住瞳孔区域，如图4-69所示。

步骤 04 在"变换"效果中设置"蒙版羽化""蒙版扩展"等参数，然后启用"蒙版路径"动画，如图4-70所示。

图4-69　调整蒙版路径（1）　　　　　　　图4-70　启用"蒙版路径"动画

步骤 05 向左移动播放指示器，在"节目"面板中根据瞳孔大小调整蒙版路径，如图4-71所示，直至人物闭上眼睛。

此时，在"蒙版路径"属性中自动生成一系列的关键帧，如图4-72所示。

图4-71　调整蒙版路径（2）　　　　　　　图4-72　生成"蒙版路径"关键帧

步骤06 在"变换"效果中设置"不透明度"参数为0.0,如图4-73所示。

步骤07 在"节目"面板中预览画面效果,可以看到人物瞳孔区域显示出V1轨道上的视频画面,如图4-74所示。

图4-73 设置"不透明度"参数　　　　　　图4-74 画面效果

步骤08 在"变换"效果的"蒙版(1)"中启用"蒙版不透明度"动画,添加两个关键帧,设置"蒙版不透明度"参数分别为0.0%和15.0%,如图4-75所示。

步骤09 为"眼睛"视频剪辑再次添加"变换"效果,设置"锚点"和"位置"参数,将画面中的锚点移至瞳孔中心。启用"缩放"动画,添加两个关键帧,设置"缩放"参数分别为100.0、700.0,调整动画的贝塞尔曲线,如图4-76所示。取消选中"使用合成的快门角度"复选框,设置"快门角度"为360.00,添加运动模糊效果。

图4-75 编辑"蒙版不透明度"动画　　　　图4-76 编辑"缩放"动画

步骤10 展开第1个"变换"效果,在"缩放"关键帧相应的位置添加"蒙版不透明度"关键帧,设置"蒙版不透明度"参数分别为15.0%、100.0%,然后调整动画的贝塞尔曲线,如图4-77所示。

步骤11 在时间轴面板中选中"海鸥"视频素材,在"效果控件"面板中编辑"缩放"和"位置"动画,根据需要调整各项参数,如图4-78所示,以调整海鸥在瞳孔中的大小和位置。

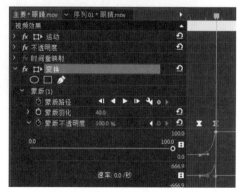

图4-77 编辑"蒙版不透明度"动画

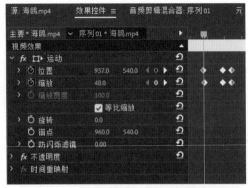

图4-78　编辑"缩放"和"位置"动画

步骤⑫ 在"节目"面板中预览瞳孔转场效果，如图4-79所示。

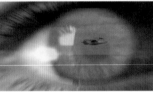

图4-79　瞳孔转场效果

四、制作水墨转场效果

　　水墨转场通过水墨晕染的形式进行镜头之间的切换，该转场颇具艺术效果。在Premiere Pro CC 2019中制作水墨转场效果的具体操作方法如下。

效果——水墨
转场

制作水墨转场
效果

步骤⑴ 打开"素材文件\项目四\水墨转场.prproj"项目文件，将"看书"视频剪辑添加到V2轨道上，将"花"视频剪辑添加到V1轨道上，使两个视频剪辑部分重叠，如图4-80所示。

图4-80　添加并调整视频剪辑

步骤⑵ 将播放指示器移至转场位置，选中V2轨道上的"看书"视频剪辑，按【Ctrl+K】组合键分割视频剪辑，如图4-81所示。

步骤⑶ 在"项目"面板中双击"水墨"视频素材，在"源"面板中标记入点和出点，选择要使用的部分，如图4-82所示。

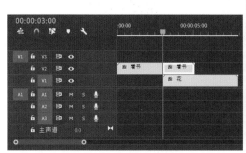

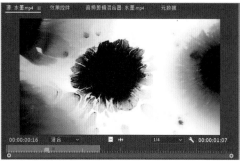

图4-81　分割视频剪辑　　　　　　　　　　图4-82　标记入点和出点

步骤04 将"水墨"视频素材添加到V3轨道上，然后选中V2轨道中用于转场的视频剪辑，如图4-83所示。

步骤05 在"效果"面板中搜索"轨道遮罩键"，双击"轨道遮罩键"效果，将其添加到所选视频剪辑上，如图4-84所示。

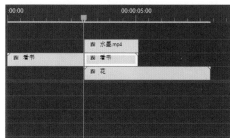

图4-83　选中视频剪辑　　　　　　　　　图4-84　添加"轨道遮罩键"效果

步骤06 在"效果控件"面板中设置"轨道遮罩键"效果中的"遮罩"为"视频3"（即V3轨道上的"水墨"视频素材），设置"合成方式"为"亮度遮罩"，如图4-85所示。

步骤07 在序列中选中"水墨"视频剪辑，在"效果控件"面板中启用"不透明度"效果中的"不透明度"动画，然后添加两个关键帧，设置"不透明度"参数分别为100.0%、0.0%，如图4-86所示。

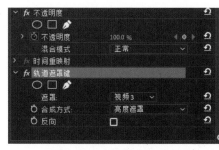

图4-85　设置"轨道遮罩键"效果　　　　图4-86　编辑"不透明度"动画

步骤08 在"节目"面板中预览水墨转场效果，如图4-87所示。

图4-87　水墨转场效果

↘ 五、制作无缝放大转场效果

无缝放大转场通过在切换镜头时融入动态模糊效果和放大特效，模拟拉动摄像机的运镜效果，从而实现空间上的转换。在Premiere Pro CC 2019中制作无缝放大转场效果的具体操作方法如下。

效果——无缝　　制作无缝放大
放大转场　　　转场效果

步骤01 打开"素材文件\项目四\无缝放大转场.prproj"项目文件，打开序列，在"节目"面板中预览转场前后的画面，如图4-88所示。

图4-88　转场前后的画面

步骤02 创建调整图层并将其添加到视频剪辑的转场位置，修剪前一个调整图层的长度为10帧，修剪后一个调整图层的长度为15帧，如图4-89所示。

图4-89　添加与修剪调整图层

步骤03 为调整图层添加"变换"效果，在"变换"效果中设置"缩放"参数为50.0，（见图4-90），在"节目"面板中预览此时的画面效果，如图4-91所示。

图4-90　设置"缩放"参数　　　　图4-91　画面效果（1）

步骤 04 为调整图层添加"镜像"效果，设置"反射角度"参数为90.0°，调整"反射中心"参数的y坐标，如图4-92所示，使画面在下方的水平方向上进行镜像。在"节目"面板中预览此时的画面效果，如图4-93所示。

图4-92 设置"镜像"效果　　　　　图4-93 画面效果（2）

步骤 05 为调整图层添加第2个"镜像"效果，设置"反射角度"参数为-90.0°，调整"反射中心"参数的y坐标，如图4-94所示，使画面在上方的水平方向上进行镜像。在"节目"面板中预览此时的画面效果，如图4-95所示。

图4-94 设置第2个"镜像"效果　　　　图4-95 画面效果（3）

步骤 06 为调整图层添加第3个"镜像"效果，设置"反射角度"参数为0.0°，调整"反射中心"参数的x坐标，如图4-96所示，使画面在右侧的垂直方向上进行镜像。在"节目"面板中预览此时的画面效果，如图4-97所示。

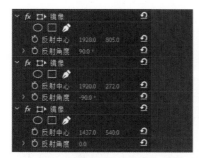

图4-96 设置第3个"镜像"效果　　　　图4-97 画面效果（4）

步骤 07 为调整图层添加第4个"镜像"效果，设置"反射角度"参数为-180.0°，调整"反射中心"参数的x坐标，如图4-98所示，使画面在左侧的垂直方向上进行镜像。在"节目"面板中预览此时的画面效果，如图4-99所示。

图4-98　设置第4个"镜像"效果　　　图4-99　画面效果（5）

步骤 08 为调整图层添加"变换"效果，设置"缩放"参数为200.0（见图4-100），即可将画面恢复到原始状态，在"节目"面板中预览画面效果，如图4-101所示。

图4-100　设置"缩放"参数

图4-101　画面效果（6）

步骤 09 按住【Ctrl】键的同时在"效果控件"面板中选中添加的所有效果，然后用鼠标右键单击选中的效果，选择"保存预设"命令，在弹出的对话框中输入名称"镜像拼接"，单击"确定"按钮，如图4-102所示。

步骤 10 打开"效果"面板，展开"预设"效果组，即可看到保存的"镜像拼接"效果，如图4-103所示。

图4-102　保存预设效果

图4-103　查看预设效果

步骤11 在"变换"效果中启用"缩放"动画，添加两个关键帧，设置"缩放"参数分别为200.0、300.0，然后调整动画的贝塞尔曲线，如图4-104所示。取消选中"使用合成的快门角度"复选框，设置"快门角度"为180.00，添加运动模糊效果。

步骤12 将保存的"镜像拼接"预设效果添加到下一个视频剪辑上方的调整图层中，在"效果控件"面板中可以看到添加的效果，如图4-105所示。

图4-104 设置"变换"效果　　　　图4-105 查看添加的效果

步骤13 展开最下方的"变换（镜像拼接）"效果，启用"缩放"动画，添加两个关键帧，设置"缩放"参数分别为150.0、200.0，然后调整动画的贝塞尔曲线，如图4-106所示。取消选中"使用合成的快门角度"复选框，设置"快门角度"为180.00，添加运动模糊效果。

步骤14 在"节目"面板中预览无缝放大转场效果，如图4-107所示。

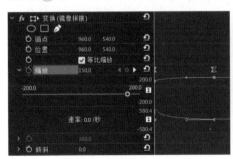

图4-106 编辑"缩放"动画　　　　图4-107 无缝放大转场效果

六、制作旋转扭曲转场效果

旋转扭曲转场是指在切换镜头时快速旋转和扭曲画面，使镜头之间的过渡看起来非常炫酷。在Premiere Pro CC 2019中制作旋转扭曲转场效果的具体操作方法如下。

效果——旋转扭曲转场　　制作旋转扭曲转场效果

步骤01 打开"素材文件\项目四\旋转扭曲转场.prproj"项目文件，打开序列，创建调整图层并将其添加到视频剪辑的转场位置，制作无缝放大转场效果，如图4-108所示。

步骤02 选中第1个调整图层，在"效果控件"面板中展开最下方的"变换"效果，启用"旋转"动画，添加两个关键帧，设置"旋转"参数分别为0.0°、30.0°，然后调整动画的贝塞尔曲线，如图4-109所示。

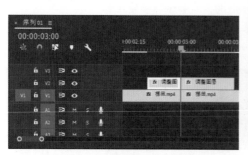

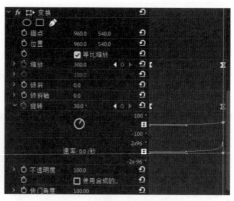

图4-108　制作无缝放大转场效果　　　　　图4-109　编辑"旋转"动画

步骤03 选中第2个调整图层，在"效果控件"面板中展开最下方的"变换（镜像拼接）"效果，启用"旋转"动画，添加两个关键帧，设置"旋转"参数分别为-17.0°、0.0°，然后调整动画的贝塞尔曲线，如图4-110所示。

步骤04 在V3轨道上添加调整图层，并对调整图层进行修剪，如图4-111所示。

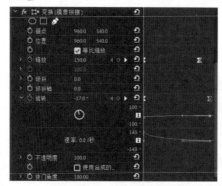

图4-110　编辑"旋转"动画　　　　　图4-111　添加并修剪调整图层

步骤05 为V3轨道上的调整图层添加"镜头扭曲"效果，选中第1个调整图层。在"镜头扭曲"效果中启用"曲率"动画，添加两个关键帧，设置"曲率"参数分别为0、-65，然后调整动画的贝塞尔曲线，如图4-112所示。

步骤06 选中第2个调整图层，在"镜头扭曲"效果中启用"曲率"动画，添加两个关键帧，设置"曲率"参数分别为-50、0，然后调整动画贝塞尔曲线，如图4-113所示。

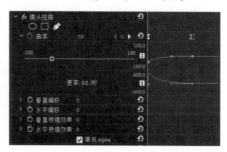

图4-112　设置"镜头扭曲"效果（1）　　　图4-113　设置"镜头扭曲"效果（2）

步骤 **07** 在"节目"面板中预览旋转扭曲转场效果，如图4-114所示。

图4-114 旋转扭曲转场效果

项目实训

1. 打开"素材文件\项目四\项目实训\转场1.prproj"项目文件，使用"变换"效果制作运动转场效果。

操作提示：为转场位置前后的两个视频剪辑添加"变换"效果；使用"变换"效果为前一个视频剪辑的结束部分制作从左侧移出的"位置"动画，为后一个视频剪辑制作从右侧进入的"位置"动画；将前后两个视频剪辑的转场位置进行叠加。

2. 打开"素材文件\项目四\项目实训\转场2.prproj"项目文件，使用"轨道遮罩键"效果制作擦除转场效果。

操作提示：对视频剪辑用于转场的部分进行分割；将"擦除"特效放到转场部分上方的轨道中；为用于转场的视频剪辑添加"轨道遮罩键"效果，并设置遮罩层为"擦除"特效素材所在的轨道。

项目五
短视频调色

【学习目标】

知识目标	了解色彩基础知识; 认识常用的调色示波器; 掌握使用 "Lumetri颜色" 面板调色的方法
核心技能	能够使用 "Lumetri颜色" 面板调色; 能够调出电影感青橙色调和清新明亮色调
素养目标	细节决定成败, 在短视频创作中养成注重细节的意识; 在为短视频调色的过程中, 不断提升审美意识和审美能力

【内容体系】

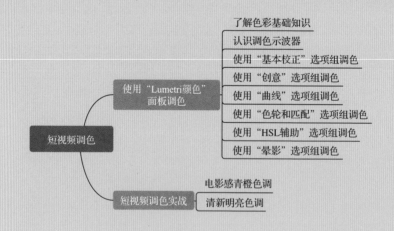

【项目导语】

在短视频创作领域有这样一句话：无调色，不出片。可见调色对于短视频创作的重要性。色彩在短视频中既能传递情感，又能表现思想；既能烘托画面气氛，又能体现作品风格。本项目将详细介绍如何在Premiere中对短视频进行调色，以增强短视频画面的表现力和感染力。

任务一　使用"Lumetri颜色"面板调色

Premiere中的"Lumetri颜色"面板提供了基本校正、创意、曲线、色轮和匹配、HSL辅助等多种调色工具。下面介绍如何利用"Lumetri颜色"面板对短视频进行调色。

↘ 一、了解色彩基础知识

下面从色彩的基本属性HSL和RGB色彩模式两个方面对色彩基础知识进行介绍，为后续的视频调色奠定基础。

1. 色彩的基本属性HSL

色彩分为无彩色系和有彩色系两类。无彩色系是指黑色、白色和由黑色、白色调出的灰色，它们本身没有色彩和冷暖倾向，有明度差别，没有纯度差别。有彩色系是指某种具有标准色倾向的颜色，是带有冷暖倾向的颜色。

HSL是一种描述颜色的方式，它将颜色分解为3个基本属性，分别是色相（Hue）、饱和度（Saturation）和亮度（Lightness）。

● 色相：色相是色彩的基本属性，决定了颜色的种类。在HSL中，色相的取值范围为0°到360°，就像传统的色轮一样，包含从红色开始，经过橙色、黄色、绿色、青色、蓝色、紫色再回到红色的整个色谱，如图5-1所示。比如，当色相值为0°时，表示红色；当色相值为120°时，表示绿色；当色相值为240°时，表示蓝色。

● 饱和度：饱和度是指色彩的纯度，即颜色的鲜艳程度。在HSL中，饱和度的取值范围为0%到100%。饱和度越高，颜色越鲜艳；饱和度越低，颜色越接近灰色。饱和度可以理解为颜色中灰色含量的高低，灰色越多颜色就越淡。图5-2所示为饱和度从低到高的红色的示意图。

● 亮度：亮度是指颜色的明暗程度。在HSL中，亮度的取值范围也为0%到100%。亮度越高，颜色越明亮，越接近白色；亮度越低，颜色越暗，越接近黑色。例如，当亮度为100%时，颜色最亮，接近白色；当亮度为0%时，颜色最暗，接近黑色。图5-3所示为红、黄、蓝3种颜色的亮度示意图。

图5-1　色轮　　　图5-2　色彩饱和度示意图　　　图5-3　色彩亮度示意图

2. RGB色彩模式

RGB色彩模式通过调整红（Red）、绿（Green）、蓝（Blue）3种基本颜色的亮度和比例来生成和显示各种颜色。RGB色彩模式中的红、绿、蓝是基色，它们各自不能由其他两种颜色合成，但能够相互叠加产生新的颜色。

RGB色彩模式包含3个颜色通道：红色通道、绿色通道和蓝色通道。每个通道的数值范围均为0～255，其中0表示该通道无亮度（即黑色），255表示该通道具有最大亮度（即红色、绿色或蓝色的纯色）。

在RGB色彩模式下，颜色由3个数值表示，即(R,G,B)。例如，纯红色可以表示为(255,0,0)，纯绿色可表示为(0,255,0)，纯蓝色可表示为(0,0,255)。当3个通道的值相等时，产生灰色调，例如，(128,128,128)表示中等灰色。当3个通道的值都为0时，表示黑色；当3个通道的值都为255时，表示白色。由于每个通道有256个可能的值（从0到255），因此RGB色彩模式可以产生大约1678万（即256的3次方）种不同的颜色。

RGB色彩模式的加色原理如图5-4所示，即红色+绿色=黄色，绿色+蓝色=青色，红色+蓝色=品红色，红色+绿色+蓝色=白色。当红色亮度降低一半时，会得到黄绿色和蓝紫色；当绿色亮度降低一半时，会得到橙色和青蓝色；当蓝色亮度降低一半时，会得到青绿色和紫红色。这12种颜色组成的圆环就是我们常说的十二色相环，如图5-5所示。

图5-4　RGB加色原理

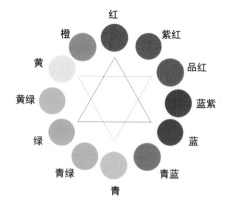

图5-5　十二色相环

在RGB调色过程中，相邻色和互补色的调色非常重要。互补色是色相环上位置相对的两个颜色，相邻色是色相环上彼此相邻的颜色。例如，蓝色的互补色是黄色，相邻色是青色和品红色。当蓝色叠加带有不透明度的黄色时，重叠部分就会发灰。例如，要使画面中大海的颜色变蓝，需要减少黄色的干扰，还可以增加青色和品红色使其变得更蓝。如果要使画面中有更多橙色，可以增加红色和黄色，减少青色和蓝色。

二、认识调色示波器

在对短视频进行调色的过程中，人眼长时间观看相同画面就会适应当前的色彩环境，从而导致调色产生误差，所以在调色时还需要借助标准的色彩显示工具来分析色彩的各种属性。Premiere内置了一组示波器，用于帮助用户准确评估和修正视频剪辑的颜色。下面对常用的几种示波器进行介绍。

1. 波形示波器

打开"素材文件\项目五\示波器.prproj"项目文件，并切换为"颜色"工作区，打开"Lumetri范围"面板，其中默认显示了序列中当前画面的RGB波形图，如图5-6所示。

波形图中显示的是当前图像中的所有像素，波形图的左侧纵坐标表示0到100之间的IRE亮度值，右侧纵坐标表示0到255之间的色阶值。像素越亮或颜色强度越大，像素在波形图中的位置越高。波形图中像素的横坐标与其在画面中的位置的横坐标相同。

图5-6 "Lumetri范围"面板

在"Lumetri范围"面板中用鼠标右键单击波形图，选择"波形类型"|"亮度"命令，如图5-7所示，显示亮度波形图，如图5-8所示。

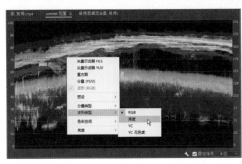

图5-7 选择"亮度"命令

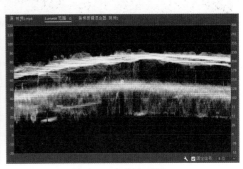

图5-8 亮度波形图

从亮度波形图中可以看出，画面中最亮的白云的IRE在90左右，画面中最暗的区域的IRE在20左右，此画面中最暗与最亮的区域的IRE都没达到0或100，说明画面的对比度与曝光还有调整空间。在"Lumetri颜色"面板的"基本校正"选项组中调整"对比度""高光""阴影""白色""黑色"等参数，使画面曝光准确，如图5-9所示。注意，在调整参数时要根据画面的需要调整曝光，不一定非要将最亮的区域的IRE调到100，或者将最暗的区域的IRE调到0。

图5-9　调整参数

2. RGB分量示波器

在"Lumetri范围"面板中用鼠标右键单击波形图，选择"分量类型"｜"RGB"命令，再次用鼠标右键单击波形图，选择"分量（RGB）"命令，显示RGB分量示波器，如图5-10所示。

图5-10　RGB分量示波器

在RGB分量波形图中，左侧纵坐标表示0到100之间的IRE亮度值，从上到下大致分为亮部、中间调和暗部。下方的0和上方的100分别表示像素全黑和全白，在调色时可以让颜色的IRE接近0或100，但不要低于0或超过100。RGB分量波形图右侧为R、G、B各通道对应的色阶值。

在RGB分量波形图中可以直观地查看画面的亮部、暗部及中间调的情况，还可以查看画面的对比度，长的波形表示对比度较大，短的波形表示对比度较小。由于RGB色彩模式为加色模式，因此通过亮部的波形可以快速分析画面高光区域的偏色情况。

3. 矢量示波器YUV

在"Lumetri范围"面板中单击鼠标右键，选择"矢量示波器YUV"命令，并取消选择"分量（RGB）"命令，显示矢量示波器YUV，如图5-11所示。

图5-11 矢量示波器YUV

矢量示波器YUV常用于色彩检查，显示的是图像中的色相和饱和度信息。矢量示波器为圆形，中心点表示无色，从中心点向外，表示饱和度从0%开始逐渐增加，而圆周代表的是0°～360°色相环。需要注意的是，矢量示波器不包含亮度信息，在使用时一般会搭配亮度波形示波器。

矢量示波器YUV中有6个分别代表不同颜色的标识，即R（Red，红色）、Yl（Yellow，黄色）、G（Green，绿色）、Cy（Cyan，青色）、B（Blue，蓝色）和Mg（Magenta，品红色）。矢量示波器YUV中还有两条十字交叉线，其中"-i"线代表In-phase（同相），色彩从橙色到青色；"Q"线代表Quadrature-phase（正交），色彩从紫色到黄绿色。十字交叉线左上角的线为"肤色指示线"，正常的肤色轨迹应落在该线上。

矢量示波器YUV中的每种颜色都有两个方框，较小的方框表示75%的饱和度，较大的方框表示100%的饱和度。较小的方框相互连接，形成六边形框线。这个框线内的区域为饱和度安全区域，超出该框线的色彩可能在某些设备中被剪切或者无法正确显示。

在"项目"面板中新建"HD彩条"素材，并将其添加到序列中，在"节目"面板中预览该素材。此时，在矢量示波器YUV中可以看到每种颜色的轨迹准确地对应各个小方框的位置，如图5-12所示。

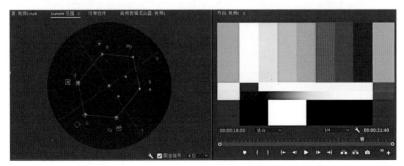

图5-12 "HD彩条"素材对应的矢量示波器YUV

要想在矢量示波器YUV中了解某个特定区域的色彩，可以对相应部分的画面做遮罩

（蒙版）处理。例如，使用蒙版框住画面下方的草地部分，在矢量示波器YUV中可以看到当前显示的画面偏黄绿色，如图5-13所示。在调色时，可以根据需要使用相关工具将该部分色彩向绿色移动。

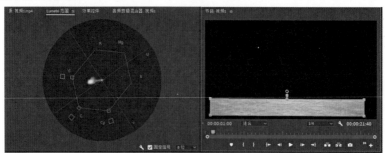

图5-13　了解特定区域的色彩

↘ 三、使用"基本校正"选项组调色

使用"基本校正"选项组调色

利用"Lumetri颜色"面板中的"基本校正"功能不仅可以对视频素材进行颜色查找表（Look-Up Table，LUT）还原，还可以校正白平衡，调整曝光与明暗对比等。

打开"素材文件\项目五\Lumetri颜色.prproj"项目文件，打开"调色"序列，在序列中将播放指示器移至01视频剪辑上，选中01视频剪辑，在"Lumetri颜色"面板中展开"基本校正"选项组，如图5-14所示。

图5-14　展开"基本校正"选项组

在"输入LUT"下拉列表中可以选择LUT预设作为起点对素材进行分级，后续仍可使用其他颜色控件进行进一步分级。当前视频剪辑为LOG模式的"灰片"视频，LOG模式的视频拥有更多的高光和阴影信息，以及更宽的色域范围，但视频画面表现为低对比度、低饱和度的灰色。

在调色时，可以先使用LUT预设将视频颜色还原为拥有正常灰阶范围、正常对比度、正常饱和度的Rec.709标准色彩。在"输入LUT"下拉列表中选择"浏览"选项，在弹出的对话框中根据拍摄时使用的设备选择相应的LUT文件，然后单击"打开"按钮，即可将视频颜色还原为正常的颜色，效果如图5-15所示。

图5-15 使用LUT预设还原颜色的效果

　　通过"色温"滑块和"色彩"滑块或"白平衡选择器"可以调整白平衡效果，从而调整素材的环境色。向左拖动"色温"滑块，可以使画面呈现出明显的蓝色（冷色调）；向右拖动"色温"滑块，可以使画面呈现出明显的黄色（暖色调）。向左拖动"色彩"滑块，可以在画面中加入绿色；向右拖动"色彩"滑块，可以在画面中加入品红色。在此，分别向左拖动"色温"滑块，向右拖动"色彩"滑块。在RGB分量示波器中，可以看到高光部分的蓝色较多，白色的建筑偏蓝，如图5-16所示。

图5-16 调整色温和色彩后的效果

　　单击"白平衡选择器"右侧的吸管工具，然后在画面中单击白色或灰色物体（中性色彩），即可自动校正白平衡，这里在白色的墙壁上单击，可以看到画面颜色恢复正常，如图5-17所示。当画面中没有明显的黑白灰区域时，则需要使用色温、色彩、曲线等调色工具手动校正白平衡，并通过RGB分量波形图分析是否偏色。

图5-17 自动校正白平衡后的效果

107

在"色调"选项组中使用不同的色调控件调整视频剪辑的色彩倾向，提升视频剪辑的视觉效果。在此根据需要调整"对比度""高光""阴影""白色""黑色"等参数，完成视频剪辑的基本调色，如图5-18所示。

在调色时，一般需要先设置"白色"和"黑色"在亮度波形示波器上的位置，再调整"阴影"和"高光"。要使色调控件恢复为默认设置，可以双击色调控件。

图5-18　调整色调后的效果

下面对各色调控件的作用进行简单介绍。

● 曝光：用于调整画面的亮度，向右移动"曝光"滑块可以增加色调值并增强高光，向左移动滑块可以减少色调值并增强阴影。

● 对比度：用于调整对比度，主要影响画面中的中间调区域。提高对比度可以使中间调到暗部变得更暗，降低对比度可以使中间调到亮部变得更亮。

● 高光：用于调整画面中的亮域，向左拖动滑块可以使高光变暗，向右拖动滑块可以在最小化修剪的同时使高光变亮（画面中亮域的细节不会丢失）。

● 阴影：用于调整画面中的暗部，向左拖动滑块可以在最小化修剪的同时使阴影变暗（画面中暗区的细节不会丢失），向右拖动滑块可以使阴影变亮并恢复阴影细节。

● 白色：用于调整白色修剪，向左拖动滑块可以减少对高光的修剪，向右拖动滑块可以增加对高光的修剪（过度增加白色会使亮域变为纯白，从而丢失细节）。

● 黑色：用于调整黑色修剪，向左拖动滑块可以增加黑色修剪，使更多阴影变为纯黑色（丢失画面暗部细节）；向右拖动滑块可以减少对阴影的修剪。该控件对画面暗部信息的影响较大，对画面亮部信息的影响较小。

● 饱和度：用于均匀地调整画面中所有颜色的饱和度，降低饱和度可以使画面色彩变得暗淡，提高饱和度可以使画面色彩变得鲜艳。

● 自动：用于对视频剪辑进行智能颜色校正。

● 重置：用于将所有色调控件还原为原始设置。

↘ 四、使用"创意"选项组调色

"Lumetri颜色"面板的"创意"部分提供了各种颜色预设，用户可以使用Premiere内置的LUT预设或第三方颜色LUT预设快速改变画面的颜色。进行创意调色时，可以为视频剪辑再添加一个"Lumetri颜色"效果并进行调整，或者使用调整图层进行调整。

使用"创意"选项组调色

创建调整图层，并将其添加到01视频剪辑的上方，如图5-19所示。在"Lumetri颜色"面板中展开"创意"选项组，在"Look"下拉列表中选择所需的颜色预设，在此选择"SL BLUE STEEL"选项，如图5-20所示。

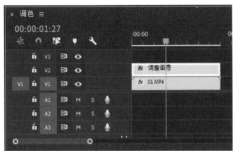

图5-19　添加调整图层　　　　　　图5-20　选择颜色预设

调整"强度"为150.0，然后调整"淡化胶片""锐化""自然饱和度""高光色彩"等参数，如图5-21所示。

图5-21　调整参数

在"创意"选项组中，各选项的作用如下。

● Look：在该下拉列表中可以选择Premiere提供的颜色预设，也可以选择本地保存的颜色预设。使用现有的颜色预设可以快速调整视频剪辑的颜色，单击预览窗口左右两侧的箭头，可以浏览不同效果；单击预览画面，可以把当前颜色预设应用到视频剪辑中。

● 强度：用于调整应用的颜色预设的强度。向右拖动滑块，可以增强应用的颜色预设的效果；向左拖动滑块，可以减弱应用的颜色预设的效果。

● 淡化胶片：用于调整视频剪辑的淡化效果，以实现所需的怀旧风格。

● 锐化：用于调整图像边缘的清晰度，使画面中的细节更加明显。需要注意的是，过度锐化会使画面看起来不自然。

● 自然饱和度：用于调整饱和度，以便在颜色接近最大饱和度时最大限度地减少修剪。该设置会更改所有低饱和度颜色的饱和度，而对高饱和度颜色的影响较小，还可以防止肤色的饱和度变得过高。

● 饱和度：用于均匀地调整视频剪辑中所有颜色的饱和度，调整范围为0（单色）

到200（饱和度加倍）。

● 色轮：用于调整阴影和高光中的色彩值，在色轮中单击并将色轮光标从色轮中心
向边缘拖动即可进行调整。

● 色彩平衡：用于平衡视频剪辑中任何多余的品红色或绿色。

↘ 五、使用"曲线"选项组调色

"Lumetri颜色"面板中的"曲线"功能很强大，能够快速、
精准地对颜色进行调整。曲线分为RGB曲线和色相饱和度曲线两种
类型。在序列中的02视频剪辑上添加调整图层，选中调整图层，在
"Lumetri颜色"面板中展开"曲线"选项组，然后展开"RGB曲
线"选项，如图5-22所示。

使用"曲线"选
项组调色

图5-22　展开"RGB曲线"选项

RGB曲线分为主曲线和红色、绿色、蓝色3个颜色通道曲线。主曲线用于调整画面
的亮度，调整主曲线会影响所有颜色通道的值。曲线的横坐标从左到右依次代表黑色、
阴影、中间调、高光、白色，纵坐标代表亮度值。

在主曲线的阴影、高光和白色区域单击添加3个控制点，然后将高光区域的曲线向上
移动，将阴影区域的曲线向下移动，将白色控制点向左拖动，使画面的亮部更亮，暗部
更暗，增加画面的对比度，如图5-23所示。

图5-23　调整主曲线

单击蓝色曲线按钮◉，调整曲线，增加高光区域的蓝色，如图5-24所示；单击红色

曲线按钮█，调整曲线，减少高光区域的红色，如图5-25所示；单击绿色曲线按钮█，调整曲线，减少中间调区域的绿色，如图5-26所示。RGB曲线调整完成后，预览调色效果，如图5-27所示。

图5-24　调整蓝色曲线　　图5-25　调整红色曲线　　图5-26　调整绿色曲线

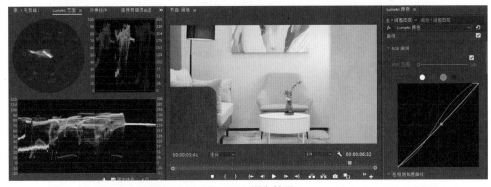

图5-27　调色效果

　　利用"曲线"选项组中的"色相饱和度曲线"功能可以对视频剪辑中基于不同类型曲线的颜色进行调整，"色相饱和度曲线"分为"色相与饱和度""色相与色相""色相与亮度""亮度与饱和度""饱和度与饱和度"等类型。

　　在"曲线"选项组中展开"色相饱和度曲线"选项，在"色相与色相"曲线中使用吸管工具在画面中吸取椅子颜色。取色完成后会出现3个控制点，中间的控制点为吸取的颜色，向左或向右拖动两侧的控制点可以调整色彩范围，在此将黄色向橙色调整，如图5-28所示。

　　在"色相与亮度"曲线中相应的位置添加控制点，降低橙色的亮度，如图5-29所示。在"色相与饱和度"曲线中手动添加控制点，降低蓝色和橙色的饱和度，如图5-30所示。在"节目"面板中预览"色相饱和度曲线"调色效果，如图5-31所示。

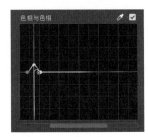
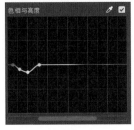
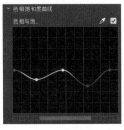

图5-28　调整"色相与色相"曲线　　图5-29　调整"色相与亮度"曲线　　图5-30　调整"色相与饱和度"曲线

图5-31　调色效果

六、使用"色轮和匹配"选项组调色

使用"色轮和匹配"功能调色可以准确地控制画面中的阴影、中间调、高光的色彩和亮度。在V3轨道上添加新的调整图层，如图5-32所示。选中调整图层，在"Lumetri颜色"面板中展开"色轮和匹配"选项组，如图5-33所示。

使用"色轮和匹配"选项组调色

图5-32　添加调整图层

图5-33　展开"色轮和匹配"选项组

利用色轮很容易实现风格化调色，如橙青色调、小清新色调、怀旧色调等。空心色轮表示未进行任何调整，点击色轮并拖动鼠标来添加颜色，色轮从中心向外，色彩饱和度逐渐增加。拖动色轮左侧的滑块，可以提亮或调暗颜色。

使用"颜色匹配"功能可以快速匹配不同视频剪辑的颜色，以确保一个或多个场景中的颜色和光线外观相匹配。单击"比较视图"按钮，进入比较视图，左侧为参考画面，右侧为当前画面。在参考画面下方拖动播放滑块，将其定位到要参考的画面位置，然后单击"应用匹配"按钮，如图5-34所示。

此时即可匹配参考画面的颜色，在色轮和明暗滑块中可以看到调整结果，如图5-35所示。如果对自动调色的结果不满意，可以手动调整色轮，并使用其他色调控件进行微调。

图5-34 单击"应用匹配"按钮

图5-35 匹配颜色效果

↘ 七、使用"HSL辅助"选项组调色

使用"HSL辅助"功能调色可以对画面中的特定颜色进行调整，而不影响画面中的其他部分。在序列中选择04视频剪辑，在"Lumetri颜色"面板中展开"HSL辅助"选项组，如图5-36所示。

使用"HSL辅助"选项组调色

图5-36 展开"HSL辅助"选项组

单击"设置颜色"选项中的吸管工具 ✎，在画面中的天空部分吸取目标颜色。在下方的颜色模式下拉列表中选择"彩色/灰色"选项，并选中其左侧的复选框，此时在画面中可以看到所选的颜色范围，目标颜色以外的部分都变为灰色。单击 ✎ 按钮可以在画面

中添加颜色，单击 ![按钮] 按钮可以在画面中减少颜色。拖动H、S、L滑块可以调整和优化选区，拖动上方的三角形滑块可以扩展或限制范围，拖动下方的三角形滑块可以使选定像素和非选定像素之间的过渡更加平滑。

在"优化"选项中调整"降噪"参数可以平滑颜色过渡并移除选区中的所有杂色，调整"模糊"参数可以柔化选区的边缘以混合选区，如图5-37所示。

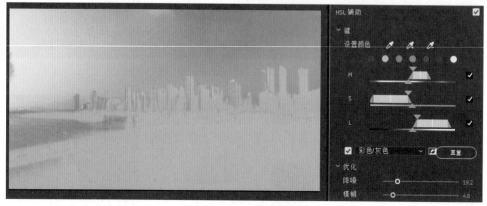

图5-37　设置颜色选区

颜色选区设置完成后，取消选中"彩色/灰色"复选框，退出该颜色模式。在"更正"选项中使用色轮进行调色，调整"色温""色彩""对比度""锐化""饱和度"等参数，在"节目"面板中预览调色效果，如图5-38所示。

图5-38　调色效果

↘ 八、使用"晕影"选项组调色

晕影是一种可以使画面边缘变暗的效果，使用"晕影"效果可以让观众的视线集中到画面的中心区域。在"Lumetri颜色"面板中展开"晕影"选项组，根据需要调整"数量""中点""圆度""羽化"等参数，如图5-39所示，在"节目"面板中预览调整效果。

使用"晕影"选项组调色

图5-39 设置"晕影"效果

在"晕影"效果的4个参数中，"数量"用于调整晕影的变亮量或变暗量，"中点"用于调整晕影数量影响区域的宽度，"圆度"用于调整晕影的大小，"羽化"用于调整晕影边缘的柔和度。

📖 **课堂拓展**

"效果"面板的"颜色校正"效果组还提供了一些其他调色工具，以便用户快捷调色。例如，可以使用"保留颜色"效果来保留画面中的单一色彩，使其他颜色变为黑白两色。

任务二 短视频调色实战

下面通过两个实战案例详细介绍如何在Premiere Pro CC 2019中对短视频进行快速调色，分别是电影感青橙色调、清新明亮色调。

效果——电影感青橙色调

电影感青橙色调

↘ 一、电影感青橙色调

青橙色调是一种流行的色调风格，常用于电影画面。这种色调风格通过适当的冷暖对比，使画面更具质感和通透感。电影感青橙色调调色的具体操作方法如下。

步骤 01 打开"素材文件\项目五\青橙色调.prproj"项目文件，切换到"颜色"工作区，打开"Lumetri颜色"面板，如图5-40所示。

图5-40 打开"Lumetri颜色"面板

步骤 02 展开"基本校正"选项组，在"输入LUT"下拉列表中选择合适的LUT文件，还原视频颜色，如图5-41所示。

图5-41 选择LUT文件

步骤 03 展开"RGB曲线"选项，调整曲线，增加中间调的亮度，调暗高光和阴影区域，如图5-42所示。

图5-42 调整曲线

步骤 04 展开"色相饱和度曲线"选项，在"色相与色相"曲线中分别在红色、黄色、绿色、青色、蓝色、紫色区域添加控制点，然后将绿色和蓝色向青色调整，将红色、黄色、紫色向橙色调整，如图5-43所示。

步骤 05 在"色相与亮度"曲线中添加控制点并调整曲线，降低橙色和青色的亮度，如图5-44所示。

步骤 06 在"色相与饱和度"曲线中添加控制点并调整曲线，降低橙色的饱和度，如图5-45所示。

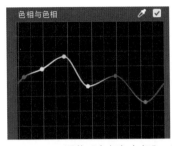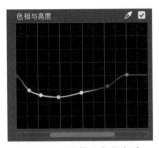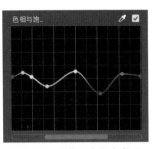

图5-43　调整"色相与色相"　　　图5-44　调整"色相与亮　　　图5-45　调整"色相与饱和
　　　曲线　　　　　　　　　　　　　度"曲线　　　　　　　　　　度"曲线

步骤 **07** 展开"色轮和匹配"选项组，将"中间调"和"阴影"向青色调整，将"高光"向橙色调整，然后根据需要调整各亮度滑块，如图5-46所示。

图5-46　调整色轮和亮度滑块

步骤 **08** 展开"晕影"选项组，调整各项参数，如图5-47所示，使画面边缘变暗，在"节目"面板中预览调色效果。

图5-47　调整"晕影"效果

↘ 二、清新明亮色调

清新明亮色调具有高亮度、低饱和度、低对比度等特点，能够吸引观众的注意力，给人一种充满活力的感觉。清新明亮色调调色的具体操作方法如下。

效果——清新明亮色调　　清新明亮色调

步骤 01 打开"素材文件\项目五\清新明亮色调.prproj"项目文件，切换到"颜色"工作区，打开"Lumetri颜色"面板；展开"基本校正"选项组，在"输入LUT"下拉列表中选择合适的LUT文件，还原视频颜色，如图5-48所示。

图5-48　选择LUT文件

步骤 02 调整"色调"选项中的各项参数，在此降低对比度、增加高光和阴影，如图5-49所示。

图5-49　调整色调（1）

步骤 03 为视频剪辑添加新的"Lumetri颜色"效果，展开"基本校正"选项组，调整

"色调"选项中的各项参数，在此增加对比度和高光，如图5-50所示。

图5-50 调整色调（2）

步骤04 展开"创意"选项组，增加锐化和自然饱和度，如图5-51所示。

图5-51 调整锐化和自然饱和度

步骤05 展开"RGB曲线"选项，调整RGB曲线以增加对比度，提升画面质感，如图5-52所示。

图5-52 调整RGB曲线

步骤06 展开"色轮和匹配"选项组，将"中间调"和"阴影"向黄色调整，将"高光"向蓝色调整，如图5-53所示。

图5-53　调整色轮

步骤 07 展开"色相饱和度曲线"选项，调整"色相与饱和度"曲线，降低黄色的饱和度，如图5-54所示。

图5-54　调整"色相与饱和度"曲线

步骤 08 添加新的"Lumetri颜色"效果，展开"HSL辅助"选项组，使用吸管工具 在人物面部单击以吸取颜色，在颜色模式下拉列表中选择"彩色/灰色"选项，并选中其左侧的复选框。拖动H、S、L滑块调整颜色选区，在"优化"选项中调整"降噪"和"模糊"参数以优化颜色选区，如图5-55所示。

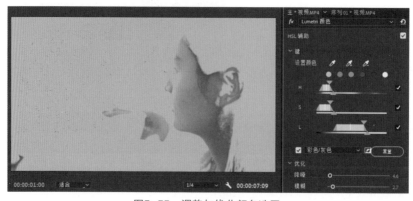

图5-55　调整与优化颜色选区

步骤 09 展开"更正"选项，在色轮中将颜色向红色调整，还原人物肤色，然后调整"色彩""对比度""锐化""饱和度"等参数，如图5-56所示。

图5-56　更正颜色

项目实训

1. 打开"素材文件\项目五\项目实训\调色1.prproj"项目文件，对视频进行青橙色调调色。

操作提示：使用颜色还原LUT文件还原视频颜色；对视频颜色进行基本校正；通过"色相饱和度曲线"选项进行局部色彩的调整。

2. 打开"素材文件\项目五\项目实训\调色2.prproj"项目文件，对视频进行清新明亮色调调色。

操作提示：使用颜色还原LUT文件还原视频颜色；对视频颜色进行基本校正；添加新的"Lumetri颜色"效果，调整中间调、阴影和高光色彩。

项目六
短视频音频剪辑与调整

【学习目标】

知识目标	掌握添加与编辑音频的方法； 掌握制作音频效果的方法
核心技能	能够同步音频、添加背景音乐及录制音频； 能够调整剪辑音量、设置音轨的音量和音效； 能够优化音频、设置背景音乐自动回避人声； 能够制作变声效果、混响效果，以及设置背景音乐自动延长
素养目标	增强责任感和使命感，站在时代的高度进行短视频创作； 短视频创作要讲格调、讲创意、讲品位，坚持正确的创作方向

【内容体系】

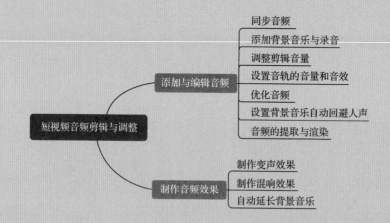

【项目导语】

　　声音是短视频作品不可或缺的组成部分，在剪辑短视频时，创作者可以根据画面表现的需要，通过添加背景音乐、音效、旁白和解说等来增强短视频的表现力。本项目将详细介绍如何在短视频后期制作中进行音频的剪辑与调整。

任务一　添加与编辑音频

　　Premiere拥有强大的音频编辑工具，利用这些工具可以在短视频中添加与编辑音频。下面将介绍如何在Premiere Pro CC 2019中进行音频编辑操作，包括同步音频、添加背景音乐与录音、调整剪辑音量、设置音轨的音量和音效、优化音频、设置背景音乐自动回避人声，以及音频的提取与渲染等。

↘ 一、同步音频

　　在剪辑短视频时，若遇到多机位拍摄的视频素材或者单独录制的视频与音频，就需要对录制的音频进行同步处理。在Premiere Pro CC 2019中同步音频的具体操作方法如下。

同步音频

步骤 01 打开"素材文件\项目六\同步音频.prproj"项目文件，在"项目"面板中将"A001"视频素材拖至"新建项"按钮■上，创建序列，如图6-1所示。

步骤 02 将"B001"视频素材添加到序列的V2轨道上，如图6-2所示。在该序列中，两个视频剪辑为不同机位拍摄的人物弹琴的视频，其中"A001"视频剪辑为人物正面镜头，视频剪辑中的音频包含较多的环境音和杂音，且音量较小；"B001"视频剪辑为人物左前侧镜头，使用了专业的话筒收音，视频剪辑中的音频具有较高的音质。

图6-1　创建序列

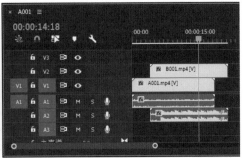

图6-2　添加视频素材

步骤 03 在时间轴面板上方单击"链接选择项"按钮■，激活该功能，按住【Shift】键的同时选中两个音频剪辑并单击鼠标右键，选择"同步"命令，如图6-3所示。

步骤 04 在弹出的"同步剪辑"对话框中选中"音频"单选按钮，如图6-4所示，然后单击"确定"按钮。

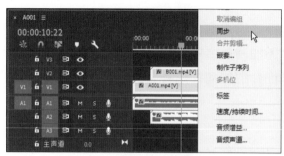

图6-3　选择"同步"命令

图6-4　选中"音频"单选按钮

此时会自动同步音频，音频所附属的视频剪辑也会随之同步，如图6-5所示。

步骤 05 在时间轴面板上方单击"链接选择项"按钮，关闭该功能，单击A1轨道左侧的 M 按钮设置轨道静音，然后根据需要对视频剪辑进行修剪，如图6-6所示。

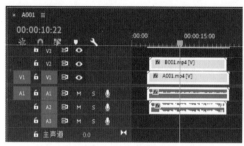

图6-5　同步音频

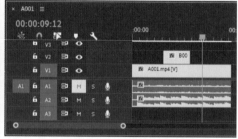

图6-6　修剪视频剪辑

如果自动同步音频不成功，可以通过添加标记手动同步音频，具体操作方法如下。

步骤 01 将"视频01"视频素材拖至"新建项"按钮 上创建序列，然后将"旁白01"音频素材添加到A2轨道上，如图6-7所示。其中"视频01"剪辑中的音频混合了背景音乐和旁白，"旁白01"音频剪辑中只有旁白。

步骤 02 在序列中双击"视频01"剪辑中的音频剪辑，在"源"面板中预览该剪辑，将播放指示器移至某句话开始的位置（即波形变化较大的位置），单击"添加标记"按钮 添加标记，如图6-8所示。

图6-7　添加视频素材和音频素材

图6-8　添加标记

步骤 03 在序列中双击A2轨道上的音频剪辑，在"源"面板中预览该音频剪辑，并在相同的位置添加标记，如图6-9所示。

图6-9　添加标记

步骤 04 在序列中选中两个音频剪辑并单击鼠标右键，选择"同步"命令，如图6-10所示。

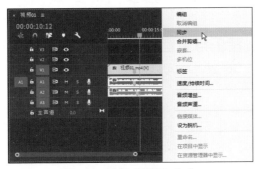

图6-10　选择"同步"命令

步骤 05 在弹出的"同步剪辑"对话框中选中"剪辑标记"单选按钮，在其右侧的下拉列表中选择标记，然后单击"确定"按钮，如图6-11所示。

此时即可在标记位置同步音频，如图6-12所示。

图6-11　设置同步剪辑

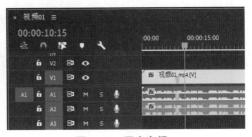

图6-12　同步音频

此外，还可以使用"合并剪辑"功能将录制的音频同步到视频素材中。在"项目"面板中选中"视频01"素材和"旁白01"素材并单击鼠标右键，选择"合并剪辑"命令（见图6-13）；在弹出的"合并剪辑"对话框中选中"音频"单选按钮和"移除AV剪辑的音频"复选框，然后单击"确定"按钮，如图6-14所示。此时，Premiere会自动分析视频素材中的音频和单独的音频文件，并将它们进行匹配，然后在"项目"面板中生成一个文件名后缀为"已合并"的视频素材。

图6-13　选择"合并剪辑"命令　　　　图6-14　　"合并剪辑"对话框

↘ 二、添加背景音乐与录音

在Premiere Pro CC 2019中可以为短视频添加背景音乐，还可以录制画外音，具体操作方法如下。

添加背景音乐与录音

步骤 01 打开"素材文件\项目六\编辑音频.prproj"项目文件，将视频素材拖至时间轴面板中创建序列。双击"音乐"素材，在"源"面板中预览音频，在00:00:17:23的位置标记出点，如图6-15所示，然后拖动"仅拖动音频"按钮 到A1轨道上。

步骤 02 在00:01:08:16的位置标记入点，如图6-16所示，然后拖动"仅拖动音频"按钮 到A1轨道上，然后拖动"仅拖动音频"按钮 将音频剪辑添加到A1轨道，使其与上一段音频剪辑进行组接。

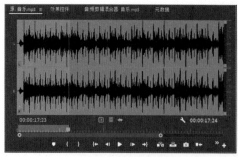

图6-15　标记出点　　　　　　　　　图6-16　标记入点

步骤 03 在序列中对第2个音频剪辑的尾部进行修剪，使其与视频剪辑的尾部对齐，如图6-17所示。

步骤 04 在"效果"面板中展开"音频过渡"|"交叉淡化"效果组，添加"恒定功率"

效果到音频剪辑的转场位置，如图6-18所示。

图6-17　修剪音频剪辑　　　　　　　图6-18　添加"恒定功率"过渡效果

步骤 05 在序列中预览音频过渡效果，根据需要调整"恒定功率"过渡效果的长度和位置，如图6-19所示。也可以使用滚动编辑工具修剪音频剪辑点的位置，使声音过渡更平滑。

步骤 06 选择"编辑"|"首选项"|"音频硬件"命令，弹出"首选项"对话框，在"默认输入"下拉列表中选择录音设备，如图6-20所示。

图6-19　调整音频过渡效果　　　　　　　图6-20　选择录音设备

步骤 07 在对话框左侧选择"音频"选项，在右侧选中"时间轴录制期间静音输入"复选框，以避免录音时出现回音，如图6-21所示，然后单击"确定"按钮。

步骤 08 在时间轴面板中用鼠标右键单击A2轨道左侧，选择"画外音录制设置"命令，如图6-22所示。

图6-21　设置时间轴录制期间静音输入　　　图6-22　选择"画外音录制设置"命令

步骤 09 在弹出的对话框中设置音频的"名称""源""输入""倒计时声音提示""预卷""过卷"等选项，然后单击"关闭"按钮，如图6-23所示。要录制计算机中的声音，可以在"源"下拉列表中选择"立体声混音"选项。

步骤 10 单击A2轨道上的"画外音录制"按钮，使用话筒录制两段音频，如图6-24所示。

图6-23　画外音录制设置

图6-24　录制音频

↘ 三、调整剪辑音量

在Premiere中编辑短视频音频时，有些创作者觉得自己听到的声音音量就是短视频最终的音量，但当把短视频上传到短视频平台或者在其他设备上播放时，发现短视频的音量与自己原本听到的音量并不一致，这就需要在编辑音频时将音量调整到合适的大小。

下面将介绍如何在Premiere中监视音频音量、调整音频剪辑的音量、调整音频剪辑的局部音量，以及如何统一音量大小。

1. 监视音频音量

在调整音量前，我们要清楚音频剪辑的音量大小。在时间轴面板右侧有一个音频仪表面板，当播放音频时，该面板中的绿色长条会上下浮动，以显示实时的音量大小。音频仪表面板的刻度单位是分贝（dB），最高为0 dB，分贝值越小，音量越低。当分贝值约为–12 dB时，音频的音量是合理的；当分贝值超过0 dB时，容易出现爆音，音频仪表的最上方会出现红色的粗线以示警告。

在时间轴面板A1轨道左侧单击“独奏轨道”按钮 S，将其他音频轨道设置为静音，如图6-25所示。按空格键播放音频，在音频仪表面板中可以看到当前音量约为–24 dB，音量明显过小，如图6-26所示。

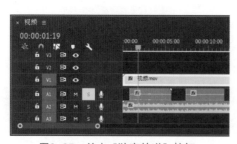

图6-25　单击“独奏轨道”按钮

图6-26　音频仪表面板

2. 调整音频剪辑的音量

创作者可以通过多种方法来调整音频剪辑的音量，方法如下。

方法一：在时间轴面板左侧双击A2轨道将其展开，播放音频，向上拖动音频剪辑中的音量控制柄，增大音量，如图6-27所示，在音频仪表面板中可以实时查看调整后的音量大小。

调整音频剪辑的音量

方法二：在时间轴面板中选中音频剪辑，打开"效果控件"面板，在"音量"选项中调整"级别"参数，如图6-28所示。

图6-27　拖动音量控制柄调整音量

图6-28　调整"级别"参数

方法三：打开"音频剪辑混合器"面板，拖动"音频2"轨道上的滑块调整音量级别，如图6-29所示。

以上3种方法调整音量大小的效果是一样的，通常最简便的方法是在时间轴面板中进行调整。

方法四：用鼠标右键单击选中的音频剪辑，选择"音频增益"命令，弹出"音频增益"对话框；在下方可以看到当前的"峰值振幅"为−19.1 dB，要将其调整为−6 dB左右，需要增加13 dB，选中"调整增益值"单选按钮，设置值为13 dB，然后单击"确定"按钮，如图6-30所示。

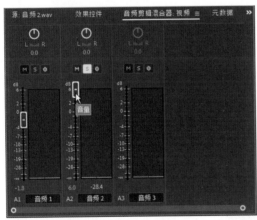

图6-29　拖动"音量"滑块

图6-30　设置音频增益

在"音频增益"对话框中，各选项的作用如下。

● **将增益设置为**：用于设置总的调整量，即将增益设置为某一特定值，该值始终更新为当前增益，即使未选择该选项且该值显示为灰色也是如此。

● **调整增益值**：用于设置单次调整的增量。此选项允许用户将增益调整为+dB或−dB，"将增益设置为"中的值会自动更新，以反映应用于剪辑的实际增益值。

● **标准化最大峰值为**：用于设置选定剪辑的最大峰值。若选定多个剪辑，则将它们视为一个剪辑，找到并设置最大峰值。

● **标准化所有峰值为：**用于设置每个选定剪辑的最大峰值，常用于统一不同剪辑的最大峰值。

3. 调整音频剪辑的局部音量

除了可以调整音频剪辑整体的音量大小外，创作者还可以利用音量关键帧调整音频剪辑局部音量的大小，具体操作方法如下。

调整音频剪辑的
局部音量

步骤01 在时间轴面板中展开背景音乐所在的A1轨道，按住【Ctrl】键的同时在音量控制柄上单击以添加关键帧，在此添加4个音量关键帧，如图6-31所示。

步骤02 分别向下拖动中间的两个音量关键帧，以降低该区域的音量，如图6-32所示。若要删除多个关键帧，可以按【P】键调用钢笔工具，框选要删除的音量关键帧，然后按【Delete】键。

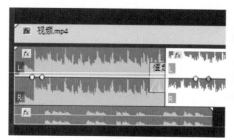

图6-31　添加音量关键帧

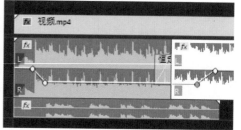

图6-32　降低区域音量

步骤03 还可以在播放音频的同时根据需要调整音量，让系统添加自动音量关键帧。打开"音频剪辑混合器"面板，在"音频1"轨道中单击"写关键帧"按钮，如图6-33所示。

步骤04 按空格键播放音频，在音频播放的过程中，根据需要拖动"音频1"轨道上的"音量"滑块以调整音量，再次按空格键暂停播放，在音频剪辑中可以看到自动添加的音量关键帧，如图6-34所示。

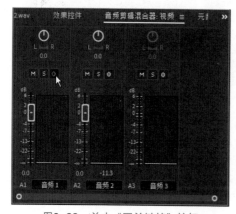

图6-33　单击"写关键帧"按钮

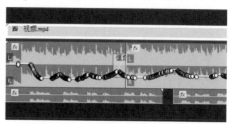

图6-34　自动添加的音量关键帧

步骤 05 如果觉得生成的自动音量关键帧过多，可以设置音量关键帧的最小时间间隔。选择"编辑"|"首选项"|"音频"命令，在弹出的对话框中选中"减少最小时间间隔"复选框，设置"最小时间"为200毫秒（默认为20毫秒），如图6-35所示。设置完成后，单击"确定"按钮。

步骤 06 重新在音频1轨道上自动写音量关键帧，可以看到音量关键帧的数量明显减少，如图6-36所示。

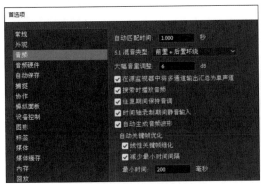

图6-35　设置最小时间间隔　　　　　图6-36　优化自动音量关键帧效果

4. 统一音量大小

在Premiere Pro CC 2019中可以统一不同录音片段的音量大小，具体操作方法如下。

统一音量大小

步骤 01 在序列中选中两段录音音频，打开"基本声音"面板，单击"对话"按钮，将音频剪辑设置为"对话"音频类型，如图6-37所示。

步骤 02 在打开的"对话"选项卡中展开"响度"选项，单击"自动匹配"按钮，即可将所选音频剪辑的音量调整为"对话"的平均标准响度，如图6-38所示。

步骤 03 播放音频，预览音量效果，根据需要在"基本声音"面板下方的"剪辑音量"选项中拖动滑块以调整音量，如图6-39所示。

图6-37　单击"对话"按钮　　图6-38　单击"自动匹配"按钮　　图6-39　调整剪辑音量级别

📖 **课堂拓展**

在"基本声音"面板的"对话"选项卡中展开"透明度"选项，通过调节"动态"范围可以减少音频中的杂音，提高人声的清晰度，使音频听起来达到广播级水准。还可以在"EQ"选项中选择多个预设，降低或提高录音中选定频率的音量。

↘ 四、设置音轨的音量和音效

音频轨道的音量与音频剪辑的音量是相互独立的，所以在对音频剪辑进行移动、替换、剪辑、调整音量等操作时不会影响音频轨道。下面将介绍如何在Premiere Pro CC 2019中调整音轨音量，以及为音轨中的音频剪辑添加音效，具体操作方法如下。

设置音轨的音量和音效

步骤 01 双击背景音乐所在的A1轨道将其展开，单击"显示关键帧"按钮 🖊，在弹出的列表中选择"轨道关键帧"|"音量"选项，如图6-40所示。

步骤 02 此时A1轨道上会显示音量控制柄，在轨道的开始位置添加两个关键帧，并将第1个关键帧的音量降低为0，设置音乐的淡入效果，如图6-41所示。设置完成后，再次单击"显示关键帧"按钮 🖊，在弹出的列表中选择"剪辑关键帧"选项，将A1轨道的关键帧控件恢复为音频剪辑关键帧。

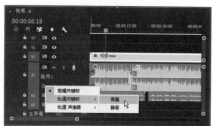

图6-40 显示轨道音量关键帧

图6-41 添加并调整音量关键帧

步骤 03 打开"音轨混合器"面板，单击左上方的"显示/隐藏效果和发送"按钮 ▶，如图6-42所示。

步骤 04 在"音频2"轨道上方的"效果选择"下拉列表中选择"振幅与压限"|"单频段压缩器"选项，为A2轨道添加"单频段压缩器"效果，如图6-43所示。

图6-42 单击"显示/隐藏效果和发送"按钮

图6-43 添加"单频段压缩器"效果

步骤05 用鼠标右键单击"单频段压缩器"效果，选择"低至中音增强器"预设，如图6-44所示。

步骤06 双击音频效果名称，打开"轨道效果编辑器-单频段压缩器"对话框，设置效果的相关参数，如图6-45所示。

图6-44 选择效果预设

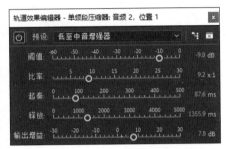

图6-45 设置"单频段压缩器"效果

↘ 五、优化音频

下面使用音频效果对录制的声音进行优化，如提升音质、降低噪声，具体操作方法如下。

步骤01 在序列中标记出要播放的范围，如图6-46所示。

步骤02 在"节目"面板中单击"循环播放"按钮，启用该功能，如图6-47所示，按空格键即可循环播放标记范围内的音频。

优化音频

图6-46 标记播放范围

图6-47 启用循环播放功能

步骤03 在"效果"面板中搜索"多频段"，然后双击"多频段压缩器"效果，添加该效果，如图6-48所示。

步骤04 在"效果控件"面板中单击"多频段压缩器"效果中的"编辑"按钮，如图6-49所示。

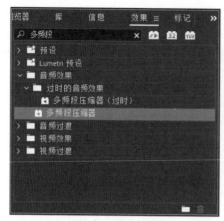

图6-48 添加"多频段压缩器"效果

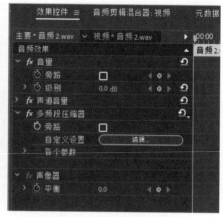

图6-49 单击"编辑"按钮

步骤 **05** 在弹出的"剪辑效果编辑器-多频段压缩器"对话框的"预设"下拉列表中选择
"互联网交付"选项，如图6-50所示。单击各频段的"S"（Solo）按钮，可以单独试听
相应频段的声音，以便更好地控制声音。单击各频段的"B"（Bypass）按钮，可以关闭
相应频段的压缩效果，以便对比处理前后的效果。

步骤 **06** 为音频剪辑添加"参数均衡器"效果，在"效果控件"面板中单击"参数均衡
器"效果中的"编辑"按钮，如图6-51所示。

图6-50 选择"互联网交付"选项

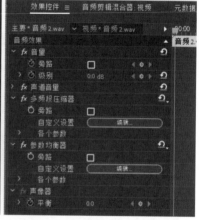

图6-51 单击"编辑"按钮

步骤 **07** 在弹出的"剪辑效果编辑器-参数均衡器"对话框的"预设"下拉列表中选择
"人声增强"选项，如图6-52所示。

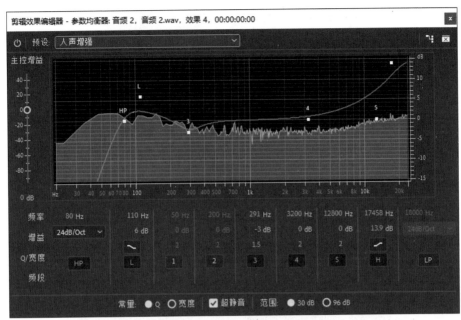

图6-52 选择"人声增强"选项

步骤 08 为音频剪辑添加"降噪"效果，在"效果控件"面板中单击"降噪"效果中的"编辑"按钮，如图6-53所示。

步骤 09 在弹出的"剪辑效果编辑器-降噪"对话框的"预设"下拉列表中选择"强降噪"选项，如图6-54所示。

图6-53 单击"编辑"按钮

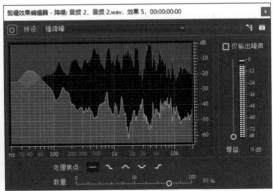

图6-54 选择"强降噪"选项

步骤 10 打开"音轨混合器"面板，在"主声道"轨道上方的"效果选择"下拉列表中选择"特殊效果"|"母带处理"选项，如图6-55所示。

步骤 11 双击"母带处理"效果，弹出"轨道效果编辑器-母带处理"对话框，在"预设"下拉列表中选择"为人声提供空间"选项，使用该效果对音频进行优化，如图6-56所示。

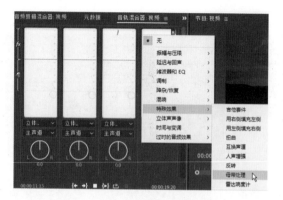

图6-55 添加"母带处理"效果

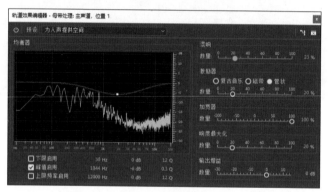

图6-56 选择"为人声提供空间"选项

↘ 六、设置背景音乐自动回避人声

利用Premiere的"回避"功能可以在包含对话的短视频中自动降低背景音乐的音量，突出人声，具体操作方法如下。

步骤 01 在时间轴面板中选中背景音乐素材，如图6-57所示。

步骤 02 在"基本声音"面板中单击"音乐"按钮，如图6-58所示。

设置背景音乐自动回避人声

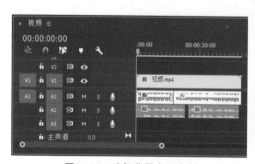

图6-57 选择背景音乐素材

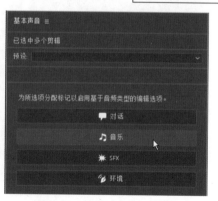

图6-58 单击"音乐"按钮

步骤 03 在打开的"音乐"选项卡中选中"回避"复选框，启用"回避"功能，设置"回避依据""敏感度""降噪幅度""淡化"等参数，然后单击"生成关键帧"按钮，如图6-59所示。

此时，Premiere会在背景音乐中自动添加音量关键帧，在"对话"音频波形的同步位置会自动降低背景音乐音量，如图6-60所示。

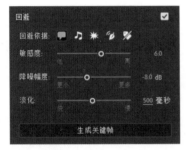
图6-59　设置"回避"选项

图6-60　查看"回避"效果

在"回避"选项中，各参数的作用如下。

● 回避依据：用于设置要回避的音频内容类型，包括"对话""音乐""声音效果""环境"和"未标记的剪辑"。

● 敏感度：用于调整回避触发的阈值，即音乐剪辑开始回避的位置。

● 降噪幅度：用于设置将音乐剪辑的音量降低多少。

● 淡化：用于控制回避触发时音量调整的速度。若将快节奏的音乐与语音混合，则较快的淡化速度比较理想；若在画外音轨道后回避背景音乐，则较慢的淡化速度更为合适。

↘ 七、音频的提取与渲染

下面将介绍如何在Premiere Pro CC 2019中将视频中包含的音频提取为新的音频文件，以及如何将包含音效的音频剪辑提取为新的音频文件，具体操作方法如下。

音频的提取与
渲染

步骤 01 在序列中选中A2轨道上的录音音频并单击鼠标右键，选择"嵌套"命令，在弹出的对话框中输入名称"旁白"，然后单击"确定"按钮，创建嵌套序列，如图6-61所示。

步骤 02 创建嵌套序列后，音频剪辑上不显示波形。用鼠标右键单击嵌套序列，选择"渲染和替换"命令，如图6-62所示。

图6-61　创建嵌套序列

图6-62　选择"渲染和替换"命令

此时音频剪辑上重新显示波形，在"项目"面板中可以看到提取的音频文件，如图6-63所示。

步骤 03 若要把视频素材中包含的音频分离出来，可以在"项目"面板中选中视频素材，然后选择"剪辑"|"音频选项"|"提取音频"命令，如图6-64所示。

图6-63　查看提取的音频文件

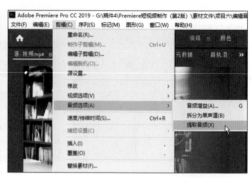

图6-64　选择"提取音频"命令

任务二　制作音频效果

下面将介绍如何在Premiere中为短视频制作音频效果，包括变声效果、混响效果，以及自动延长背景音乐效果。

↘ 一、制作变声效果

调整音频的音调参数可以使音频产生变声的效果，在Premiere Pro CC 2019中制作变声效果的具体操作方法如下。

制作变声效果

步骤 01 为"旁白"音频剪辑添加"音高换挡器"效果，如图6-65所示，在"音高换挡器"效果中单击"编辑"按钮。

步骤 02 在弹出的"剪辑效果编辑器-音高换挡器"对话框中拖动"半音阶"滑块，调整比率参数；拖动"音分"滑块进行微调，向右拖动滑块可以使声音变得尖锐，向左拖动滑块可以使声音变得低沉，如图6-66所示。

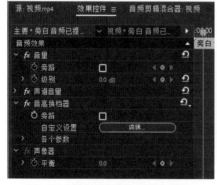

图6-65　添加"音高换挡器"效果

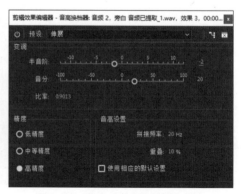

图6-66　设置"音高换挡器"效果

↘ 二、制作混响效果

为音频文件添加混响效果可以模拟不同环境下的音效效果，增强声音的临场感。在Premiere Pro CC 2019中制作混响效果的具体操作方法如下。

制作混响效果

步骤 01 打开"素材文件\项目六\制作混响效果.prproj"项目文件，将"语音"音频素材拖至"新建项"按钮上创建序列，在序列中标记要播放的范围，如图6-67所示。

步骤 02 在"效果"面板中搜索"图形均衡器"，然后双击"图形均衡器（30段）"效果以添加该效果。在"效果控件"面板中单击"图形均衡器（30段）"效果中的"编辑"按钮，如图6-68所示。

图6-67 标记播放范围

图6-68 单击"编辑"按钮

步骤 03 在弹出的"剪辑效果编辑器-图形均衡器（30段）"对话框的"预设"下拉列表中选择"经典V"选项，提升声音质量，如图6-69所示。在"节目"面板中单击"循环播放"按钮，启用该功能，按空格键播放标记范围内的音频，预览音频效果。

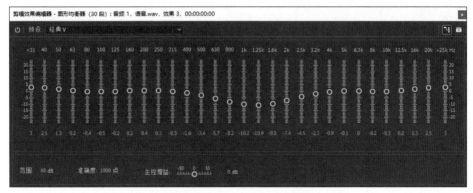

图6-69 选择"经典V"选项

步骤 04 在"效果"面板中搜索"多频段"，然后将"多频段压缩器"效果拖至音频剪辑上，在"效果控件"面板中单击"多频段压缩器"效果中的"编辑"按钮，如图6-70所示。

步骤 05 在弹出的"剪辑效果编辑器-多频段压缩器"对话框的"预设"下拉列表中选择

"更紧密的低音"选项，如图6-71所示。

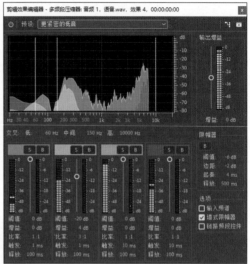

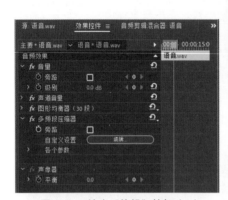

图6-70　单击"编辑"按钮（1）　　　　图6-71　选择"更紧密的低音"选项

步骤06 为音频剪辑添加"模拟延迟"效果，在"效果控件"面板中单击"模拟延迟"效果中的"编辑"按钮，如图6-72所示。

步骤07 在弹出的"剪辑效果编辑器-模拟延迟"对话框的"预设"下拉列表中选择"公共地址"选项。播放音频，试听混响效果，可以尝试调整各项参数，如调整"延迟"和"反馈"等参数来设置回声效果，如图6-73所示。

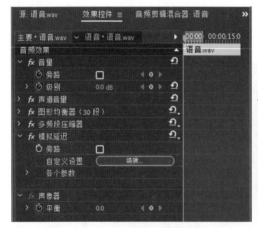

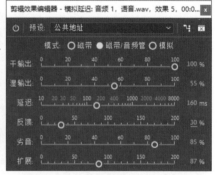

图6-72　单击"编辑"按钮（2）　　　　图6-73　设置"模拟延迟"效果

步骤08 为音频剪辑添加"室内混响"效果，在"效果控件"面板中单击"室内混响"效果中的"编辑"按钮，如图6-74所示。

步骤09 在弹出的"剪辑效果编辑器-室内混响"对话框的"预设"下拉列表中选择"人声混响（大）"选项，如图6-75所示。

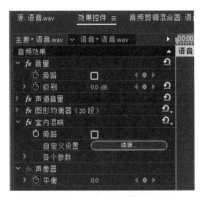

图6-74　单击"编辑"按钮

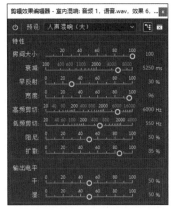

图6-75　选择"人声混响（大）"选项

↘ 三、自动延长背景音乐

自动延长背景音乐

在为短视频添加背景音乐时，若背景音乐的长度小于视频的长度，就需要复制多个背景音乐剪辑并进行拼接。这样的操作较为繁琐，且剪辑衔接处的音频过渡也会略显生硬，这时可以利用Audition的"重新混合"功能来调整背景音乐的长度，使其与视频的长度一致，具体操作方法如下。

步骤 01 打开"素材文件\项目六\自动延长背景音乐.prproj"项目文件，在"项目"面板中双击背景音乐素材，在"源"面板中标记要使用的音乐部分的入点和出点，如图6-76所示。

步骤 02 将背景音乐素材拖至时间轴面板的A2轨道上，可以看到视频长度远大于背景音乐的长度，如图6-77所示。

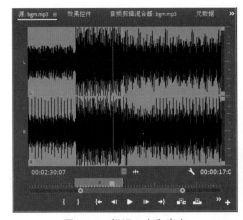

图6-76　标记入点和出点

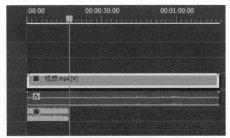

图6-77　添加背景音乐

步骤 03 在时间轴面板中用鼠标右键单击背景音乐素材，选择"在Adobe Audition中编辑剪辑"命令，启动Audition程序，如图6-78所示。

步骤 04 按【Ctrl+N】组合键打开"新建多轨会话"对话框，设置采样率与音频素材一致，在此设置"采样率"为44100 Hz，然后单击"确定"按钮，如图6-79所示。

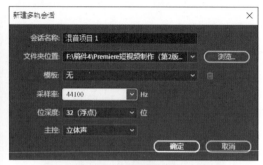

图6-78　启动Audition程序　　　　　　　　　图6-79　设置采样率

步骤05 将音频素材拖至"轨道1"上，在"轨道1"上选中音频素材，如图6-80所示。

步骤06 在"属性"面板中展开"重新混合"选项，单击"启用重新混合"按钮，如图6-81所示。

图6-80　选中音频素材　　　　　　　　　图6-81　单击"启用重新混合"按钮

步骤07 设置与视频长度相同的目标持续时间，如图6-82所示，在"高级"选项中设置"编辑长度"参数，设置为"短"可以产生更短的片段，但过渡更多；设置为"长"可以产生最长的乐章和数量最少的片段，以尽量减少过渡。

步骤08 此时即可对音频素材进行重新混合。"重新混合"功能使用节拍检测、内容分析和频谱源分隔技术来确定音乐中的过渡点，然后重新排列乐章以创建合成。在"音频1"轨道上查看重新混合后的音乐效果，如图6-83所示。

图6-82　设置目标持续时间　　　　　　　　图6-83　重新混合音乐

步骤 ⑨ 选择"多轨"|"导出到Adobe Premiere Pro"命令，如图6-84所示。

步骤 ⑩ 在弹出的对话框中选中"立体声文件"复选框，如图6-85所示，然后单击"导出"按钮。

图6-84　选择"导出到Adobe Premiere Pro"命令　　　图6-85　选中"立体声文件"复选框

步骤 ⑪ 返回Premiere窗口，导入导出的音频素材，即重新混合的背景音乐，如图6-86所示。将重新混合的背景音乐添加到A3轨道上，如图6-87所示。

图6-86　导入音频素材　　　　　图6-87　添加重新混合的背景音乐

项目实训

　　1. 打开"素材文件\项目六\项目实训\调整音频.prproj"项目文件，在短视频中添加背景音乐和录音，对音频进行调整。

　　操作提示：调整背景音乐与录音的音量，添加音频效果以优化人声。

　　2. 打开"素材文件\项目六\项目实训\变声与混响.prproj"项目文件，为音频制作变声与混响效果。

　　操作提示：添加"音高换挡器"效果调整音调，添加混响效果。

项目七

使用After Effects制作短视频特效

【学习目标】

知识目标	掌握After Effects的基本操作； 掌握制作文字动画特效的方法
核心技能	能够制作短视频片头动画； 能够制作书写文字特效和文字抖动特效； 能够制作文字描边发光特效和文字实景合成特效
素养目标	坚持系统观念，从系统思维出发优化短视频画面效果； 树立创新意识，在短视频创作中敢于创新、乐于创新

【内容体系】

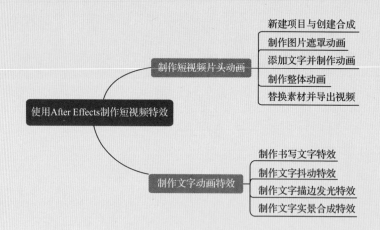

【项目导语】

　　After Effects是由Adobe公司推出的一款图形视频处理软件，用于2D和3D合成、动画制作和视觉特效的合成，属于层类型后期制作软件。本项目将详细介绍如何使用After Effects制作短视频片头动画和文字动画特效。

任务一　制作短视频片头动画

　　下面使用After Effects CC 2019制作一个短视频片头动画，其中涉及在After Effects中制作短视频特效的各种基本操作。

↘ 一、新建项目与创建合成

　　合成是动画的框架，每个合成均有其时间轴，类似于Premiere中的序列。下面将介绍如何在After Effects CC 2019中新建项目并创建合成，具体操作方法如下。

效果——短视频片头动画　　新建项目与创建合成

步骤 01 启动After Effects CC 2019，在"项目"面板中双击，如图7-1所示。

步骤 02 在弹出的"导入文件"对话框中选中要导入的图片，取消选中"ImporterJPEG序列"复选框，单击"导入"按钮，即可将图片素材导入"项目"面板，如图7-2所示。

图7-1　"项目"面板

图7-2　导入素材文件

步骤 03 按【Ctrl+S】组合键打开"另存为"对话框，设置项目文件的保存位置，输入文件名，然后单击"保存"按钮，如图7-3所示。

步骤 04 在"项目"面板中单击"新建合成"按钮，在弹出的"合成设置"对话框中输入合成名称，设置"宽度"为1920 px，"高度"为1080 px，"帧速率"为30帧/秒，"持续时间"为5秒，如图7-4所示。单击"确定"按钮，创建合成。

图7-3 "另存为"对话框

图7-4 设置合成参数

↘ 二、制作图片遮罩动画

下面制作多个矩形逐个显示的动画，并将该动画层设置为图片的遮罩层，具体操作方法如下。

制作图片遮罩动画

步骤 01 在界面上方的工具栏中选择矩形工具▣，设置填充颜色为黄色，无描边，使用矩形工具在"合成"面板中绘制矩形，如图7-5所示。在设置形状格式时，按住【Alt】键的同时单击"填充"或"描边"按钮，可以更改"填充"或"描边"类型。

步骤 02 选中形状图层并按【Enter】键，将图层重命名为"矩形"。展开"矩形"图层，在"矩形路径1"选项中设置"大小"属性为"480.0,360.0"，如图7-6所示。

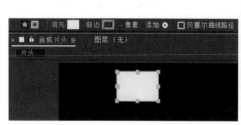

图7-5 设置形状格式并绘制形状

图7-6 设置形状大小

步骤 03 在"合成"面板中使用选择工具将矩形移至画面左上方，按【Ctrl+Alt+Home】组合键将形状锚点设置在形状中央，如图7-7所示。也可以在工具栏中选择向后平移（锚点）工具▣，调整锚点的位置。

图7-7 调整形状和锚点的位置

步骤 04 展开"矩形"图层，单击"添加"按钮 ，在弹出的列表中选择"中继器"选项，如图7-8所示。

图7-8　选择"中继器"选项

步骤 05 展开"中继器1"选项，设置"副本"参数为4.0；展开"变换：中继器1"选项，设置"位置"参数为"483.0,0.0"，如图7-9所示。

步骤 06 在"合成"面板中预览形状效果，如图7-10所示。

图7-9　设置"中继器1"的参数

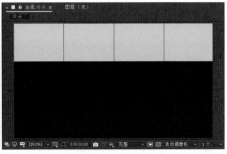

图7-10　形状效果

步骤 07 将时间指示器移至最左侧，单击"起始点不透明度"和"结束点不透明度"属性左侧的"秒表"按钮 以启用动画，分别设置两个属性的参数为0.0%，如图7-11所示；然后将时间指示器移至0:00:01:00的位置，分别设置两个属性的参数为100%。

图7-11　编辑"起始点不透明度"和"结束点不透明度"动画

步骤 08 将时间指示器移至0:00:00:10的位置，选中"结束点不透明度"属性中的两个关键帧，按住【Shift】键向右拖动关键帧至时间指示器所在位置，如图7-12所示。

图7-12　移动"结束点不透明度"关键帧

步骤 09 拖动时间指示器，在"合成"面板中预览形状动画效果，如图7-13所示。

图7-13　形状动画效果

步骤 10 选中"矩形"图层，按【Ctrl+D】组合键复制两个形状图层。选中"矩形2"图层，按【U】键显示带关键帧的属性，将"起始点不透明度"属性中的两个关键帧移至第10帧位置，将"结束点不透明度"属性中的两个关键帧移至第0秒位置，如图7-14所示。

图7-14　移动关键帧

📖 **课堂拓展**

　　每个图层都有一个基本的"变换"属性组，该组中包括"锚点""位置""缩放""旋转""不透明度"5个基本属性，可分别按【A】【P】【S】【R】【T】键调出。

步骤 11 选中"矩形2"图层，按【P】键显示"位置"属性，根据需要调整y坐标参数，如图7-15所示。

步骤 12 在"合成"面板中预览形状效果，如图7-16所示。

图7-15　设置"位置"属性

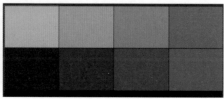

图7-16　形状效果（1）

步骤 13 采用同样的方法设置"矩形3"图层的"位置"属性，在"合成"面板中预览形状效果，如图7-17所示。

步骤 14 将时间指示器移至0:00:01:00的位置，选中"矩形2"图层，按【[】键将图层条的入点移至时间指示器所在位置。采用同样的方法，将"矩形3"图层条的入点移至0:00:02:00的位置，如图7-18所示。

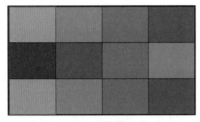
图7-17　形状效果（2）

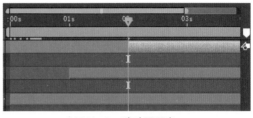
图7-18　移动图层条

步骤 15 选中所有形状图层并单击鼠标右键，选择"预合成"命令，在弹出的对话框中设置合成名称为"形状遮罩"，然后单击"确定"按钮，如图7-19所示。

步骤 16 将"图1"图片素材添加到时间轴面板中并移至下方轨道，在"合成"面板中调整图片大小。用鼠标右键单击图片，选择"预合成"命令，在弹出的对话框中设置合成名称为"图1"，选中"将所有属性移动到新合成"单选按钮，然后单击"确定"按钮，如图7-20所示。

图7-19　创建预合成（1）

图7-20　创建预合成（2）

步骤 17 按【F4】键展开"转换控制"窗格，在"图1"图层右侧的"轨道遮罩"下拉列表中选择"Alpha遮罩'[形状遮罩]'"选项，如图7-21所示。

步骤 18 在"合成"面板中预览图片遮罩动画效果，如图7-22所示。

图7-21　设置轨道遮罩

图7-22　图片遮罩动画效果

↘ 三、添加文字并制作动画

添加文字并制作
动画

下面在画面中添加文字，并为文字添加颜色渐变效果和动画效果，具体操作方法如下。

步骤 01 在工具栏中选择横排文字工具 **T**，使用该工具在"合成"面板中输入文字，然后在"字符"面板中设置文本格式，如图7-23所示。

步骤 02 用鼠标右键单击文本图层，选择"效果"|"生成"|"梯度渐变"命令。按【F3】键打开"效果控件"面板，设置起始颜色和结束颜色，并设置渐变起点和渐变终点的位置，如图7-24所示。

图7-23 添加文字并设置格式

图7-24 设置"梯度渐变"效果

步骤 03 在"合成"面板中拖动渐变起点和渐变终点控件，调整渐变效果，如图7-25所示。如果不显示图层控件，可以选择"视图"|"显示图层控件"命令，显示相应的控件。

步骤 04 将时间指示器移至0:00:02:00的位置，在"效果和预设"面板中展开"动画预设"|"Text"|"3D Text"效果组，选择"3D翻转进入旋转X"动画效果，如图7-26所示。

图7-25 调整渐变效果

图7-26 选择动画效果

步骤 05 将该动画效果拖至文本图层，为文本添加动画，在"合成"面板中预览文字动画效果，如图7-27所示。

步骤 06 选择文本图层，按【U】键显示带关键帧的属性，将第2个关键帧向右拖动，调整文字动画的时长，如图7-28所示。

图7-27　文字动画效果

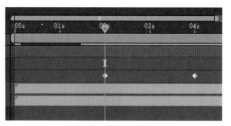

图7-28　调整动画时长

四、制作整体动画

在图层的父子级链接中，父级图层的动画效果会影响所有子级图层，子级图层可以拥有自己的动画效果。下面利用图层之间的父子级关联制作片头效果整体动画，具体操作方法如下。

制作整体动画

步骤01 用鼠标右键单击图层的空白处，选择"新建"|"摄像机"命令，在弹出的对话框的"预设"下拉列表中选择"35毫米"选项，然后单击"确定"按钮，如图7-29所示。

步骤02 用鼠标右键单击图层的空白处，选择"新建"|"空对象"命令，创建"空1"图层。拖动"摄像机1"图层中的"父级关联器"按钮 到"空1"图层上，将"空1"图层设为"摄像机1"图层的父级图层，如图7-30所示。

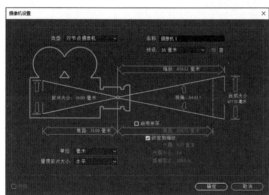

图7-29　创建摄像机

图7-30　设置图层的父子关系

步骤03 打开所有图层的"3D图层"开关 ，选中"图1"图层，按【P】键显示"位置"属性，设置z坐标参数为1000.0。采用同样的方法，设置文本图层的"位置"属性，如图7-31所示。

图7-31　设置"位置"属性

步骤 04 在"合成"面板中查看此时的画面效果，如图7-32所示。

图7-32 查看画面效果

步骤 05 选中"图1"图层，按【S】键显示"缩放"属性，启用"缩放"动画，在0:00:00:00和0:00:05:00的位置添加关键帧，分别设置"缩放"参数为180.0%、155.0%。采用同样的方法设置文本图层的"缩放"动画，如图7-33所示。

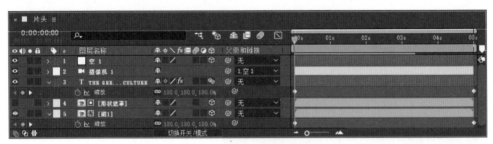

图7-33 设置"缩放"动画

步骤 06 选择"空1"图层，按【P】键显示"位置"属性，启用"位置"动画，在0:00:00:00和0:00:03:00的位置添加关键帧，然后分别设置"位置"属性中y坐标的值，使画面从底部向上移入，如图7-34所示。

图7-34 设置"空1"图层的"位置"动画

步骤 07 选中"空1"图层中的两个关键帧，按【F9】键为关键帧添加缓动效果。单击 按钮，打开图表编辑器，选中第2个关键帧，向左拖动控制手柄，调整贝塞尔曲线，使变化速率先快后慢，如图7-35所示。如果图表编辑器不是所需的样式，可以用鼠标右键单击图表编辑器，选择"编辑速度图表"命令。

图7-35 调整关键帧的贝塞尔曲线

↘ 五、替换素材并导出视频

一个素材的片头动画效果制作完成后，如果要为其他素材应用相同的动画效果，只需复制合成并替换素材即可。下面将介绍如何替换素材并导出视频，具体操作方法如下。

替换素材并导出视频

步骤 01 在"项目"面板中选中"图1"合成，按【Ctrl+D】组合键复制合成，生成"图2"合成，如图7-36所示。

步骤 02 双击"图2"合成将其打开，在时间轴面板中选中"图1.jpg"图层，然后按住【Alt】键拖动"项目"面板中的"图2.jpg"到"图1.jpg"图层上即可替换图片，如图7-37所示。采用同样的方法复制"片头"合成，并使用"图2"合成替换其中的"图1"合成。

图7-36 复制合成

图7-37 替换图片

步骤 03 由于After Effects无法直接导出MP4格式的视频，因此需要将创建的合成导入到Premiere中，再导出视频。打开Premiere Pro CC 2019，新建项目和序列，按【Ctrl+I】组合键打开"导入"对话框，选择After Effects项目文件，如图7-38所示，单击"打开"按钮。

步骤 04 在弹出的对话框中选择要导入的合成，然后单击"确定"按钮，如图7-39所示。

图7-38　选择项目文件　　　　　　　　　　图7-39　选择合成

After Effects中的合成素材被导入"项目"面板，如图7-40所示。

步骤 05 将合成素材添加到序列中，为素材添加过渡效果，然后添加并修剪背景音乐，如图7-41所示。序列编辑完成后，按【Ctrl+M】组合键导出视频即可。

图7-40　合成素材导入成功　　　　　　　　图7-41　编辑序列

任务二　制作文字动画特效

下面将介绍如何使用After Effects CC 2019制作文字动画特效，包括书写文字特效、文字抖动特效、文字描边发光特效，以及文字实景合成特效等。

一、制作书写文字特效

下面制作书写文字特效，将文字按照笔画一笔一笔地书写出来，具体操作方法如下。

效果——书写文字特效

制作书写文字特效

步骤 01 新建"书写文字.aep"项目文件，在"项目"面板中导入"东山岛"视频素材，然后将该视频素材拖至"新建合成"按钮上，创建合成，如图7-42所示。

步骤 02 使用文本工具在"合成"面板中输入文字并对文字进行换行，然后在"字符"面板中设置文字格式，在"合成"面板中预览文字效果，如图7-43所示。

图7-42 创建合成

图7-43 文字效果

步骤 03 用鼠标右键单击文本图层，选择"预合成"命令，如图7-44所示。

步骤 04 在弹出的对话框中输入合成名称，单击"确定"按钮，如图7-45所示，将文本图层转换为合成，以便使用画笔工具书写文字。

图7-44 选择"预合成"命令

图7-45 创建预合成

步骤 05 在工具栏中选择画笔工具 ，在画面中的文字上双击，打开"文字"合成的"图层"面板，如图7-46所示。

步骤 06 打开"绘画"面板，设置前景色为红色，如图7-47所示。

步骤 07 打开"画笔"面板，设置画笔的"直径""角度""圆度""硬度"等参数，如图7-48所示。

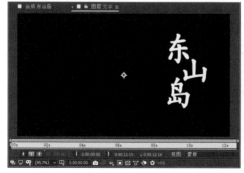

图7-46 打开合成的"图层"面板

图7-47 设置前景色

图7-48 设置画笔参数

155

步骤 08 将时间指示器移至最左侧，滚动鼠标滚轮放大文字，使用画笔工具按照笔画顺序在文字上涂抹，一次性涂完文字（也可根据需要分多次涂抹），如图7-49所示。

步骤 09 展开"文字"图层，在"效果"选项中可以看到"绘画"效果，"画笔1"即一次涂抹绘画效果，如图7-50所示。

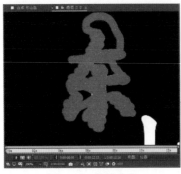

图7-49　涂抹文字

图7-50　查看"绘画"效果

步骤 10 展开"画笔1"选项，启用"结束"动画，设置"结束"参数为0.0%，然后将时间指示器向右拖动一段距离，设置"结束"参数为100.0%，选中两个关键帧，按【F9】键添加缓动效果，如图7-51所示。

图7-51　编辑"结束"动画

此时即可在"图层"面板中看到书写文字的过程，如图7-52所示。

步骤 11 采用同样的方法，按笔画顺序用涂抹的方式书写"山"字，如图7-53所示。

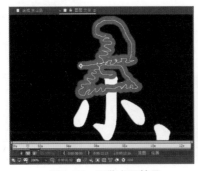

图7-52　预览书写效果

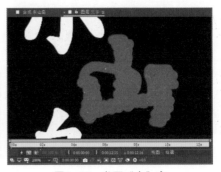

图7-53　书写"山"字

步骤 12 此时，在"绘画"效果中出现"画笔2"效果，按照前面的方法编辑"结束"动画，制作"山"字的书写动画，如图7-54所示。采用同样的方法，制作"岛"字的书写动画。

图7-54 编辑"结束"动画

步骤 13 返回"合成"面板，在时间轴面板中选中"文字"图层，按【Ctrl+D】组合键复制图层，并将复制的图层重命名为"文字画笔书写"，在该图层的"绘画"效果中打开"在透明背景上绘画"选项，以隐藏文字。将"文字"图层中的"绘画"效果删除，并在图层右侧的轨道遮罩下拉列表中选择"Alpha遮罩'文字画笔书写'"选项，如图7-55所示。

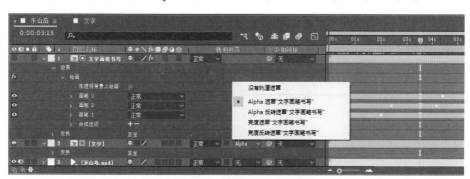

图7-55 设置图层效果及轨道遮罩

步骤 14 在"合成"面板中预览文字书写效果，如图7-56所示。

步骤 15 在时间轴面板中对两个文本图层进行预合成，并将其重命名为"文字书写"，如图7-57所示。

图7-56 文字书写效果

图7-57 创建"文字书写"预合成

步骤 16 为"文字书写"图层添加"投影"效果，并设置相关参数，如图7-58所示。

步骤 17 在"合成"面板中预览文字书写效果，如图7-59所示。

图7-58　设置"投影"效果　　　　　　　图7-59　文字书写效果

二、制作文字抖动特效

下面使用表达式制作文字抖动特效，具体操作方法如下。

效果——文字　　　制作文字抖动
抖动特效　　　　　特效

步骤 01 新建"文字抖动"项目，然后新建合成，在"合成设置"对话框中设置"宽度""高度""持续时间""背景颜色"等参数，如图7-60所示。

步骤 02 在"合成"面板中输入文字，并设置文本格式，按【Ctrl+Alt+Home】组合键设置锚点居中，按【Ctrl+Home】组合键设置文本居中对齐，效果如图7-61所示。

图7-60　设置合成参数　　　　　　图7-61　设置文本格式后的效果

步骤 03 展开文本图层，单击"动画"按钮（见图7-62），在弹出的列表中选择"启用逐字3D化"选项，然后选择"位置"选项，如图7-63所示，添加"动画制作工具1"。

图7-62　单击"动画"按钮　　　　　图7-63　选择"位置"选项

步骤04 在"动画制作工具1"中设置"位置"属性的z坐标参数为−2500.0；展开"范围选择器1"选项，启用"起始"动画，添加两个关键帧，设置"起始"参数分别为0%、100%，如图7-64所示。

图7-64　设置文本动画

步骤05 在"动画制作工具1"选项右侧单击"添加"按钮，在弹出的列表中选择"属性"|"不透明度"选项，添加"不透明度"属性，设置"不透明度"参数为0%，如图7-65所示。

步骤06 在文本图层中打开"运动模糊"开关 🎞，在图层上方打开"运动模糊"总开关。为文本动画添加运动模糊效果。在"合成"面板中预览文字动画，可以看到文字逐个从右侧进入画面，如图7-66所示。

图7-65　设置"不透明度"参数　　　　　　图7-66　文字动画

步骤07 为文本图层创建预合成，并将其命名为"文字"，如图7-67所示。

步骤08 用鼠标右键单击"文字"图层，选择"效果"|"生成""|"填充"命令，添加"填充"效果，在"效果控件"面板中设置"颜色"为白色，如图7-68所示。

图7-67　创建预合成　　　　　　　　图7-68　设置"填充"效果

步骤09 复制两个"文字"图层，并按照文字颜色重命名图层，然后设置各图层的填充颜色，如图7-69所示。

步骤10 选中"文字 白"图层，按【P】键显示"位置"属性，按住【Alt】键的同时单击"位置"属性前的秒表按钮，添加表达式，在此输入表达式"wiggle(10,25)"，如图7-70所示。"wiggle"为摆动表达式，第1个参数表示频率，第2个参数表示振幅。

图7-69　复制图层并设置填充颜色　　　　图7-70　输入表达式

步骤11 此时即可在"合成"面板中看到白色的文本在画面中上下左右抖动。如果只希望文字上下抖动，则需要修改表达式：输入中括号，将光标定位到中括号中，然后拖动"属性关联器"图标 到"位置"属性的x坐标上，如图7-71所示。

步骤12 松开鼠标，表达式中自动填充第一个参数"transform.position[0]"，输入逗号，再输入"wiggle(10,25)[1]"（见图7-72），即可使文字只上下抖动。

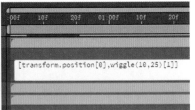

图7-71　拖动"属性关联器"图标　　　　图7-72　修改表达式

步骤13 显示其他文本图层的"位置"属性，并复制表达式。修改"文字 白"图层中的表达式，使白色文字不规则抖动，红色和蓝色文字上下抖动，如图7-73所示。

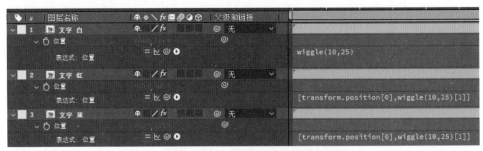

图7-73　复制与修改表达式

步骤14 在"合成"面板中预览文字抖动效果，如图7-74所示。

步骤15 选中3个文本图层并单击鼠标右键，选择"预合成"命令，输入名称"抖动文字"。按【Ctrl+D】组合键复制图层，在最下层添加图片素材，如图7-75所示。

步骤16 为图片图层添加"梯度渐变"效果，设置"起始颜色""结束颜色""渐变起点""渐变终点""与原始图像混合"等参数，如图7-76所示。

步骤 17 在"合成"面板中预览文字抖动效果，如图7-77所示。

图7-74　文字抖动效果（1）

图7-75　添加图片素材

图7-76　设置"梯度渐变"效果

图7-77　文字抖动效果（2）

步骤 18 为下层文字添加CC Radial Fast Blur效果和"快速方框模糊"效果，并设置效果参数，如图7-78所示。

步骤 19 在"合成"面板中预览文字效果，如图7-79所示。

图7-78　设置效果参数

图7-79　文字效果

三、制作文字描边发光特效

下面使用After Effects CC 2019制作文字描边发光特效，通过发光点对文字路径进行描边并生成文字，具体操作方法如下。

步骤 01 新建项目，然后新建"文字描边发光"合成，在"合成设置"对话框中设置"宽度""高度""持续时间""背景颜色"等参数，如图7-80所示。

效果——文字描边发光特效

制作文字描边发光特效（1）

制作文字描边发光特效（2）

161

步骤 02 新建文本图层，输入文本并设置文本格式，在"合成"面板中预览文字效果，如图7-81所示。

图7-80　设置合成参数

图7-81　文字效果

步骤 03 为文本图层添加"四色渐变"效果，在"效果控件"面板中设置渐变颜色，如图7-82所示。

步骤 04 在"合成"面板中调整颜色渐变效果，根据需要调整各颜色点的位置，如图7-83所示。

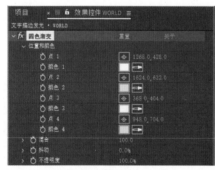

图7-82　设置渐变颜色

图7-83　调整颜色渐变效果

步骤 05 用鼠标右键单击文本图层，选择"创建"|"从文字创建蒙版"命令，如图7-84所示，创建文本轮廓图层。

步骤 06 展开文本轮廓图层中的"蒙版"选项，查看文本蒙版，如图7-85所示。

图7-84　选择"从文字创建蒙版"命令

图7-85　查看文本蒙版

步骤 07 为文本轮廓图层添加"描边"效果，选中"所有蒙版"复选框，取消选中"顺序描边"复选框，设置"画笔大小"为3.0，"绘画样式"为"在透明背景上"，如图7-86所示。

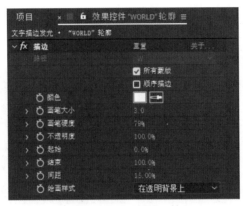

图7-86　设置"描边"效果

步骤 08 在"合成"面板下方单击 按钮，隐藏蒙版，查看描边效果，如图7-87所示。

图7-87　描边效果

步骤 09 为文本轮廓图层添加"四色渐变"和"发光"效果，在"效果控件"面板中设置效果参数，如图7-88所示。

步骤 10 在"合成"面板中预览文本轮廓效果，如图7-89所示。

图7-88　设置效果参数　　　　　　图7-89　文本轮廓效果

步骤 11 将时间指示器移至最左侧，在"描边"效果中启用"结束"动画，设置"结束"参数为0.0%，如图7-90所示。将时间指示器移至第4秒的位置，设置"结束"参数为100.0%，形成文字路径绘制效果。

步骤 12 在"合成"面板中预览描边动画效果，如图7-91所示。

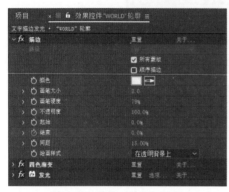

图7-90 编辑"结束"动画　　　　　　　　　图7-91 描边动画效果

步骤 13 选中文本轮廓图层，按【U】键显示关键帧属性。选中两个关键帧，按【F9】键添加缓动效果，如图7-92所示。

图7-92 添加缓动效果

步骤 14 新建"光 w"纯色图层，设置颜色为黑色，为纯色图层添加"镜头光晕"效果，设置"光晕中心"，使其和图层的锚点位置相同，设置"光晕亮度"为10%；然后为纯色图层添加"三色调"效果，设置"中间调"颜色为蓝色，如图7-93所示，制作光点效果。

步骤 15 在"合成"面板中预览"光 w"图层效果，如图7-94所示。

图7-93 设置纯色图层效果　　　　　　　　图7-94 图层效果

步骤**16** 选中"光 w"纯色图层，使用椭圆工具◯绘制蒙版路径，在"合成"面板下方单击◼按钮，显示蒙版，如图7-95所示。

步骤**17** 展开"蒙版"选项，设置"蒙版羽化"为40.0，设置图层混合模式为"屏幕"，如图7-96所示。

图7-95　绘制蒙版路径

图7-96　设置图层蒙版和混合模式

步骤**18** 将时间指示器移至最左侧，展开文本轮廓图层，然后展开W轮廓，选中"蒙版路径"属性，按【Ctrl+C】组合键复制蒙版路径，如图7-97所示。

步骤**19** 选中"光 w"纯色图层，按【P】键显示"位置"属性，选中"位置"属性，按【Ctrl+V】组合键粘贴蒙版路径，如图7-98所示，"位置"属性中出现一系列关键帧。

图7-97　复制蒙版路径

图7-98　粘贴蒙版路径

步骤**20** 将时间指示器移至第4秒的位置，按住【Alt】键拖动最后一个关键帧到时间指示器所在位置，按【F9】键添加缓动效果，如图7-99所示。

图7-99　调整关键帧

此时，W路径上显示光点动画，如图7-100所示。

步骤**21** 复制"光 w"图层，并根据文字蒙版修改图层名称，删除原来的"位置"关键帧，然后按照前面的方法将相应文字的"蒙版路径"属性复制到"位置"属性，并调整关键帧动画，如图7-101所示。

图7-100　显示光点动画

图7-101　复制图层并编辑动画

步骤 22 在"合成"面板中预览文字路径描边动画，如图7-102所示。

步骤 23 将时间指示器移至0:00:03:15的位置，选中所有光点图层，按【T】键显示"不透明度"属性，然后启用"不透明度"动画，如图7-103所示。将时间指示器移至0:00:04:00的位置，设置"不透明度"为0，制作光点消失动画。

图7-102　文字路径描边动画

图7-103　启用"不透明度"动画

步骤 24 将时间指示器移至0:00:03:15的位置，将文本图层移至最上层，并显示文本图层，如图7-104所示。

步骤 25 为文本图层添加CC Burn Film（胶片燃烧）效果，在"效果控件"面板中启用Burn动画，设置Burn参数为100.0，如图7-105所示。将时间指示器移至0:00:04:00的位置，设置Burn参数为0.0。

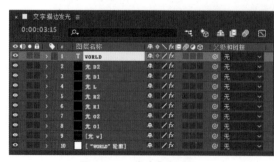

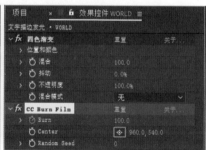

图7-104　移动文本图层

图7-105　编辑Burn动画

步骤 26 在"合成"面板中预览文字动画效果，如图7-106所示。

步骤 27 选中所有图层并单击鼠标右键，选择"预合成"命令，在弹出的对话框中设置合成名称为"文字"，然后单击"确定"按钮。设置"文字"图层的混合模式为"相加"，然后在项目中导入"夜空"图片，并将图片添加到"文字"图层下方，如图7-107所示。

图7-106　文字动画效果　　　　　　　　图7-107　添加图片

步骤 28 根据需要调整图片的大小和位置，用鼠标右键单击图片图层，选择"预合成"命令，在弹出的对话框中设置合成名称为"夜空"，然后单击"确定"按钮，如图7-108所示。

步骤 29 在"合成"面板中预览动画效果，如图7-109所示。

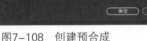

图7-108　创建预合成　　　　　　　　　图7-109　动画效果

步骤 30 选中"文字"图层，按【Ctrl+D】组合键复制图层，将复制的图层重命名为"文字 倒影"。用鼠标右键单击"文字 倒影"图层，选择"变换"|"垂直翻转"命令，然后按【P】键显示"位置"属性，调整y坐标参数，如图7-110所示。

步骤 31 在"合成"面板中预览文字倒影效果，如图7-111所示。

图7-110　设置"文字 倒影"图层　　　　图7-111　预览文字倒影效果（1）

步骤 32 为"文字 倒影"图层添加"复合模糊"效果，在"模糊图层"下拉列表中选择"夜空"图层，设置"最大模糊"参数为40.0，如图7-112所示。

步骤 33 在"合成"面板中预览文字倒影效果，如图7-113所示。

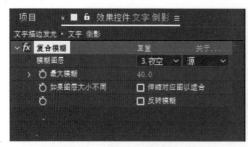

图7-112　设置"复合模糊"效果

图7-113　预览文字倒影效果（2）

步骤 34 选中"文字 倒影"图层，使用椭圆工具█绘制蒙版路径，如图7-114所示。

步骤 35 展开"文字 倒影"图层的"蒙版"选项，设置"蒙版羽化"为200.0，"蒙版不透明度"为60%，如图7-115所示。

图7-114　绘制蒙版路径

图7-115　设置"蒙版"效果

步骤 36 在"合成"面板中预览文字动画效果，如图7-116所示。

图7-116　文字动画效果

↘ 四、制作文字实景合成特效

After Effects中的"3D摄像机跟踪器"效果可以对视频序列进行分析，以提取摄像机运动和3D场景数据。下面利用该效果制作文字实景合成特效，具体操作方法如下。

效果——文字
实景合成特效

制作文字实景
合成特效

步骤 01 新建"文字实景合成"项目，导入"大桥"视频素材，并将素材拖至"新建合成"按钮上，创建合成。在时间轴面板中选中视频素材并单击鼠标右键，选择"时间"|"启用时间重映射"命令，然后将时间指示器移至第10秒位置，在图层区域将"时间重映射"属性中的时间控件向右拖至最大时间0:00:24:19，如图7-117所示。

图7-117 设置时间重映射

步骤02 按【N】键，在时间指示器所在位置定义工作区域结尾，然后用鼠标右键单击工作区域，选择"将合成修剪至工作区域"命令，如图7-118所示。

步骤03 用鼠标右键单击视频素材，选择"预合成"命令，在弹出的对话框中设置合成名称为"大桥 合成1"，选中"将所有属性移动到新合成"单选按钮，然后单击"确定"按钮，如图7-119所示。

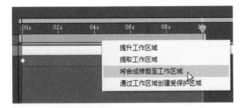

图7-118 选择"将合成修剪至工作区域"命令

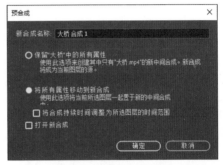

图7-119 创建预合成

步骤04 用鼠标右键单击"大桥 合成1"图层，选择"跟踪和稳定"|"跟踪摄像机"命令，添加"3D摄像机跟踪器"效果，等待分析和解析完成，如图7-120所示。

步骤05 解析完成后，在"效果控件"面板中选中"3D摄像机跟踪器"效果，根据需要设置"跟踪点大小"和"目标大小"参数，如图7-121所示。

图7-120 等待分析和解析完成

图7-121 设置"3D摄像机跟踪器"效果

步骤06 此时在"合成"面板中可以看到显示为不同颜色的x跟踪点，拖动时间指示器到合适的画面位置，将鼠标指针在跟踪点之间移动，鼠标指针周围3个相邻的跟踪点会自动构成一个目标（红色靶面）。选择由在桥上的3个跟踪点组成的目标靶面并单击鼠标右键，选择"创建文本和摄像机"命令，如图7-122所示，创建"3D跟踪摄像机"图层和文本图层。拖动时间指示器即可预览文本跟踪画面效果，如图7-123所示。

图7-122 选择"创建文本和摄像机"命令

图7-123 预览文本跟踪画面效果

步骤07 根据需要修改文字，然后选中文本图层，按【P】键，然后按住【Shift】键的同时依次按【S】键和【R】键，显示"位置""缩放""旋转"属性，根据需要调整各项参数，更改文本的大小和位置，如图7-124所示。

步骤08 在"合成"面板中预览文字合成效果，如图7-125所示。

图7-124 调整文字的"位置""缩放""旋转"参数

图7-125 文字合成效果

步骤09 展开文本图层，添加文字动画，在此添加"缩放"和"不透明度"属性，设置"缩放"参数为0.0%，"不透明度"参数为0%。展开"范围选择器1"选项，启用"偏移"动画，添加两个关键帧，设置"偏移"参数分别为-100%、100%。展开"高级"选项，在"形状"下拉列表中选择"上斜坡"选项，设置"缓和低"参数为100%，为文本制作显示动画，如图7-126所示。

步骤10 在"合成"面板中预览文本动画效果，如图7-127所示。

图7-126 制作文本显示动画

图7-127 文本动画效果

项目实训

1. 打开"素材文件\项目七\项目实训\文字摆动.aep"项目文件，为文本添加前后摆动动画效果。

操作提示：制作x轴旋转动画，添加摆动选择器，调整"锚点"属性。

2. 打开"素材文件\项目七\项目实训\文字颤抖.aep"项目文件，为文本添加颤抖动画效果。

操作提示：为纯色图层添加"分形杂色"效果，使用表达式"time*10"设置"随机植入"动画；为文本添加"置换图"效果，设置置换图层为纯色图层。

项目八
短视频字幕的添加与编辑

【学习目标】

知识目标	掌握使用文字工具添加与编辑字幕的方法； 掌握使用"旧版标题"命令添加与编辑字幕的方法； 掌握制作短视频字幕效果的方法
核心技能	能够使用文字工具添加与编辑字幕； 能够使用"旧版标题"命令添加与编辑字幕； 能够制作各种短视频字幕效果
素养目标	坚定理想信念，在短视频创作中树立正确的价值观； 通过短视频增强生态文明观念，主动投身生态文明建设

【内容体系】

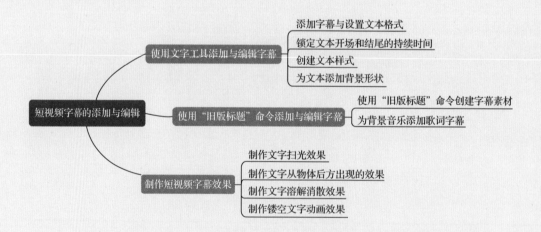

【项目导语】

　　字幕在短视频的表现形式中占有重要的地位，可以让受众更容易理解短视频内容。本项目将详细介绍如何在Premiere中添加与编辑字幕，以及常见的短视频字幕效果的制作方法。

任务一　使用文字工具添加与编辑字幕

　　使用Premiere中的文字工具可以很方便地在短视频中添加字幕，还可以结合"图形"工作区和"基本图形"面板为字幕添加响应式设计，如锁定文本的持续时间、创建文本样式、使图形自动适应文字变化等。

效果——使用文字工具添加与编辑字幕

添加字幕与设置文本格式

↘ 一、添加字幕与设置文本格式

　　下面使用文本工具为短视频添加字幕并设置文本格式，然后为字幕制作显现和消失动画，具体操作方法如下。

步骤 01 打开"素材文件\项目八\使用文字工具添加字幕.prproj"项目文件，打开序列，按【T】键调用文字工具▇，在"节目"面板中单击并输入文字，然后调整文字的位置，如图8-1所示。

步骤 02 在"效果控件"面板中设置文本的字体、大小、对齐方式、字距、填充颜色等，如图8-2所示。

图8-1　输入文字

图8-2　设置文本格式

步骤 03 打开"基本图形"面板，切换到"编辑"选项卡，选中文本图层，在"对齐并变换"选项区中单击"水平居中对齐"按钮▇，如图8-3所示。

步骤 04 为文本剪辑添加"百叶窗"效果，启用"过渡完成"动画，添加两个关键帧，设置"过渡完成"参数分别为100%、0%，然后设置"方向""宽度""羽化"等参数，以制作文本显现动画，如图8-4所示。

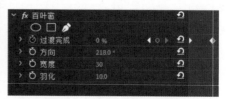

图8-3　设置文本对齐方式　　　　　　　图8-4　设置"百叶窗"效果

步骤 05 再添加一个"百叶窗"效果，设置"百叶窗"效果并编辑"过渡完成"动画，以制作文本消失动画，如图8-5所示。

步骤 06 在"节目"面板中播放视频，预览文字动画效果，如图8-6所示。

图8-5　设置"百叶窗"效果　　　　　　　图8-6　文字动画效果

二、锁定文本开场和结尾的持续时间

为文本添加开场和结尾的关键帧动画后，当改变文本剪辑的持续时间时，需要重新移动关键帧。要使关键帧动画始终保持在文本的开场和结尾，可以锁定文本开场和结尾的持续时间，具体操作方法如下。

锁定文本开场和结尾的持续时间

步骤 01 选中文本剪辑，在"效果控件"面板的时间轴视图中拖动左上方的控制柄，调整开场持续时间到关键帧动画结束的位置，如图8-7所示。

步骤 02 采用同样的方法，调整文本剪辑结尾的持续时间，如图8-8所示。这样即可避免在修剪文本剪辑时改变动画。

图8-7　设置开场持续时间　　　　　　　图8-8　设置结尾持续时间

三、创建文本样式

在Premiere中可以将字体、颜色和大小等文本属性定义为样式，并对序列中的多个文本剪辑快速应用相同的文本样式，具体操作方法如下。

创建文本样式

步骤 01 在序列中按住【Alt】键向右拖动文本剪辑进行复制，然后根据需要修改文本，如图8-9所示。

步骤 02 在"节目"面板中预览文本，如图8-10所示。

图8-9　复制并修改文本　　　　　　　图8-10　预览文本

步骤 03 打开"基本图形"面板，在"主样式"下拉列表中选择"创建主文本样式"选项，在弹出的对话框中输入名称，然后单击"确定"按钮，如图8-11所示。

步骤 04 创建样式后，即可将样式文件添加到"项目"面板中，如图8-12所示。在序列中选择其他文本剪辑，将"文本样式1"文件拖至文本剪辑上以应用该样式。

图8-11　新建文本样式　　　　　　　图8-12　查看样式文件

步骤 05 在"基本图形"面板的"文本"组中根据需要修改文本格式，如更改字体、字号、外观等，此时"主样式"下拉列表框中显示当前文本样式已修改，单击其右侧的"推送为主样式"按钮，即可更新此样式，如图8-13所示。

此时，所有应用该样式的文本格式都会发生相应改变，效果如图8-14所示。

图8-13　单击"推送为主样式"按钮　　　图8-14　更新文本样式后的效果

↘ 四、为文本添加背景形状

下面为文本添加背景形状，并使形状自动适应文本的长度，具体操作方法如下。

为文本添加背景
形状

步骤 01 在"节目"面板中选中文本，在"基本图形"面板中单击"新建图层"按钮■，在弹出的列表中选择"矩形"选项，如图8-15所示，在文本剪辑中添加矩形。

步骤 02 在"基本图形"面板中将形状图层拖至文本图层下方，并设置形状的不透明度、外观等参数，如图8-16所示。

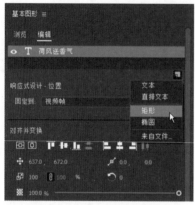

图8-15 选择"矩形"选项

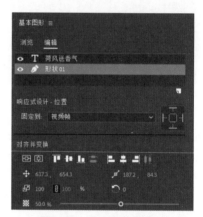

图8-16 设置形状图层

步骤 03 在"节目"面板中调整矩形的大小和位置，如图8-17所示。

步骤 04 在"基本图形"面板中选中形状图层，在"固定到"下拉列表中选择文本对象，如图8-18所示。

图8-17 调整形状大小和位置

图8-18 设置固定到文本

步骤 05 在"固定到"选项右侧方位锁的中间位置单击，固定4个边，如图8-19所示。

此时，在"节目"面板中编辑文本时，形状也将随之变化，效果如图8-20所示。

图8-19　单击方位锁

图8-20　文本效果

任务二　使用"旧版标题"命令添加与编辑字幕

Premiere中的"旧版标题"是一个传统的字幕设计器，使用"旧版标题"命令可以完成各种文字与图形的创建和编辑操作。虽然使用新版的"基本图形"功能可以很方便地添加字幕，但"旧版标题"命令还有一些特殊的功能，如制作花字、制作路径文字、制作创意标题等。下面将介绍如何使用"旧版标题"命令为短视频添加字幕。

效果——使用"旧版标题"命令添加与编辑字幕

使用"旧版标题"命令创建字幕素材

↘ 一、使用"旧版标题"命令创建字幕素材

使用"旧版标题"命令创建字幕素材，并编辑字幕内容和格式的具体操作方法如下。

步骤 **01** 打开"素材文件\项目八\使用旧版标题添加字幕.prproj"项目文件，选择"文件"|"新建"|"旧版标题"命令；在弹出的"新建字幕"对话框中单击"确定"按钮，如图8-21所示，新建"字幕01"素材，并打开"字幕"面板。

步骤 **02** 单击"字幕"面板上方的 按钮，在弹出的列表中依次选择"工具""动作""属性"选项，以显示相应的选项组，如图8-22所示。

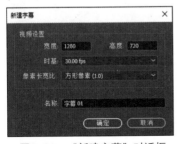

图8-21　"新建字幕"对话框

图8-22　选择列表选项

步骤 03 使用文字工具 **T** 在绘图区中输入文本，设置文本的字体、大小、字符间距、对齐方式、变换、阴影等参数，然后使用直线工具 **/** 绘制形状，并在"属性"选项组中设置形状格式，如图8-23所示。

图8-23　编辑字幕

步骤 04 "字幕01"素材制作完成后，在工具栏左上方单击"基于当前字幕新建字幕"按钮 **□**，在弹出的对话框中设置名称，单击"确定"按钮，创建"字幕02"素材，如图8-24所示。

步骤 05 根据需要修改字幕文字，如图8-25所示。采用同样的方法，继续创建其他字幕素材。

图8-24　"新建字幕"对话框

图8-25　修改字幕文字

📖 课堂拓展

　　"旧版标题样式"面板中预设了多种字幕样式，可以直接使用，也可以在此基础上进行进一步调整，还可以将设计的文本样式保存为自定义样式。

为背景音乐添加
歌词字幕

↘ 二、为背景音乐添加歌词字幕

下面介绍为短视频中的背景音乐一键添加歌词字幕，并为字幕添加动画，具体操作方法如下。

步骤 01 打开序列，选中音频剪辑，在每句歌词的开始位置添加音频标记，如图8-26所示。

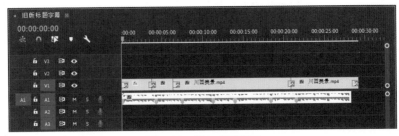

图8-26 添加音频标记

步骤 02 将播放指示器依次移至音频标记位置，然后在"节目"面板中单击"添加标记"按钮，即可在序列中添加标记，如图8-27所示。

步骤 03 在序列中锁定V1轨道，在"项目"面板中选中所有字幕素材，然后单击下方的"自动匹配序列"按钮，如图8-28所示。

图8-27 在序列中添加标记

图8-28 单击"自动匹配序列"按钮

步骤 04 在弹出的"序列自动化"对话框中设置"顺序"为"选择顺序"，"方法"为"覆盖编辑"，选中"使用入点/出点范围"单选按钮，然后单击"确定"按钮，如图8-29所示。

图8-29 设置"序列自动化"选项

此时，Premiere会将字幕素材自动添加到序列中，并使其与序列标记逐个对齐，如图8-30所示。

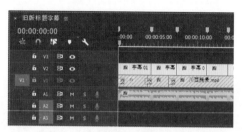

图8-30　将字幕添加到标记位置

步骤 05 在序列中选中"字幕01"剪辑，在"效果控件"面板中设置"缩放"和"位置"参数，调整字幕在画面中的大小和位置，然后编辑"不透明度"动画，使字幕渐显和渐隐，如图8-31所示。

步骤 06 为"字幕01"剪辑添加"投影"效果，根据需要设置"投影"效果的参数，如图8-32所示。

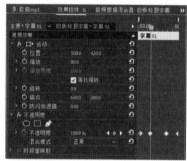

图8-31　编辑"不透明度"动画

图8-32　设置"投影"效果

步骤 07 在序列中选中"字幕01"剪辑，按【Ctrl+C】组合键复制该字幕剪辑，然后选中其他字幕剪辑并单击鼠标右键，选择"粘贴属性"命令。在弹出的对话框中选中"缩放属性时间"复选框，再选中"运动"和"不透明度"属性以及"投影"效果（见图8-33），然后单击"确定"按钮，为其他字幕添加相同的动画和效果。在"节目"面板中预览字幕效果，如图8-34所示。

图8-33　设置"粘贴属性"选项

图8-34　字幕效果

任务三 制作短视频字幕效果

下面将介绍如何制作短视频中常见的字幕效果，如文字扫光效果、文字从物体后方出现的效果、文字溶解消散效果及镂空文字动画效果等。

↘ 一、制作文字扫光效果

文字扫光效果可以使静态的文字产生光泽变化，具体制作方法如下。

效果——文字扫光　　制作文字扫光效果

步骤01 打开"素材文件\项目八\文字扫光.prproj"项目文件，打开序列，如图8-35所示。

步骤02 在"效果控件"面板中选中文本效果，然后在"节目"面板中调整锚点位置到文本的中央，如图8-36所示。

图8-35 打开序列

图8-36 调整文本锚点位置

步骤03 在文本效果中展开"变换"选项，启用并编辑"缩放"和"不透明度"动画，使文本逐渐显现并放大，如图8-37所示。

步骤04 新建颜色遮罩，设置颜色为白色，将颜色遮罩命名为"白色"，将"白色"剪辑添加到V3轨道上并进行修剪，如图8-38所示。

图8-37 编辑"缩放"和"不透明度"动画

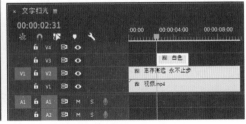

图8-38 添加白色颜色遮罩

步骤05 在"效果控件"面板的"不透明度"效果中单击"创建4点多边形蒙版"按钮■，创建蒙版，如图8-39所示。

步骤06 在"节目"面板中调整蒙版路径，如图8-40所示。

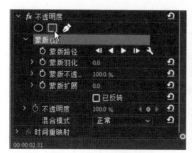

图8-39　创建蒙版

图8-40　调整蒙版路径

步骤 **07** 启用"蒙版路径"动画，设置"蒙版羽化"为30.0，将播放指示器向右移动45帧，然后选中"蒙版（1）"，如图8-41所示。

步骤 **08** 在"节目"面板中将蒙版移至右侧，如图8-42所示。

图8-41　选中"蒙版（1）"

图8-42　调整蒙版位置

步骤 **09** 选中"蒙版（1）"，按【Ctrl+C】组合键复制蒙版，按【Ctrl+V】组合键粘贴蒙版，并将复制的蒙版重命名为"蒙版（2）"，选中两个"蒙版路径"关键帧并稍微向右移动关键帧位置，使两个"蒙版"动画先后播放，如图8-43所示。

步骤 **10** 在"节目"面板中预览此时的蒙版动画，可以看到两个白色矩形从左侧移至右侧，如图8-44所示。

图8-43　复制蒙版并调整关键帧位置

图8-44　蒙版动画

步骤 **11** 在序列中按住【Alt】键向上拖动文本剪辑到V4轨道上，复制文本剪辑并修剪其左端，使其与"白色"剪辑对齐，如图8-45所示。

步骤 **12** 为V3轨道上的"白色"剪辑添加"轨道遮罩键"效果，设置"遮罩"轨道为"视频4"，"合成方式"为"Alpha遮罩"，如图8-46所示。

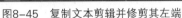
图8-45 复制文本剪辑并修剪其左端

图8-46 设置"轨道遮罩键"效果

步骤 13 在"节目"面板中预览文本扫光效果，如图8-47所示。

图8-47 文本扫光效果

二、制作文字从物体后方出现的效果

下面制作文字从物体后方出现的效果，以增强
画面的空间感，具体操作方法如下。

步骤 01 打开"素材文件\项目八\文字出现和消失效
果.prproj"项目文件，打开序列，使用文字工具在
"节目"面板中输入文本并设置格式，预览文字效
果，如图8-48所示。

效果——文字从
物体后方出现

制作文字从物体
后方出现的效果

步骤 02 在序列中将文本剪辑移至V3轨道上，将
"金属纹理"图片剪辑添加到V2轨道上，如图8-49所示。

图8-48 输入文本并设置格式

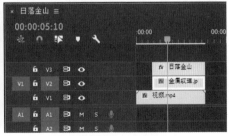
图8-49 添加图片剪辑

步骤 03 调整图片剪辑的大小，在"节目"面板中预览图片效果，如图8-50所示。

步骤 04 为图片剪辑添加"轨道遮罩键"效果，设置"遮罩"为文本剪辑所在的"视频
3"轨道。添加"投影"效果，设置各项参数，如图8-51所示。

图8-50　图片效果

图8-51　设置"轨道遮罩键"和"投影"效果

步骤05 根据需要调整图片剪辑的大小和位置，在"节目"面板中预览文本效果，如图8-52所示。

步骤06 在序列中选中文本剪辑和图片剪辑并单击鼠标右键，选择"嵌套"命令，在弹出的对话框中输入嵌套名称"金色文字"，然后单击"确定"按钮，如图8-53所示。

图8-52　文本效果

图8-53　创建嵌套序列

步骤07 在序列中按住【Alt】键向上拖动视频剪辑，将其复制到V3轨道上，如图8-54所示。

步骤08 在"效果控件"面板的"不透明度"效果中选择钢笔工具，如图8-55所示。

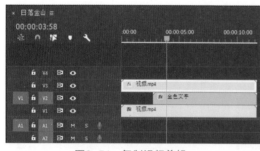

图8-54　复制视频剪辑

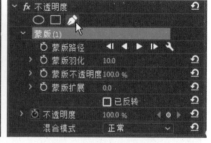

图8-55　选择钢笔工具

步骤09 在"节目"面板中使用钢笔工具绘制蒙版路径（见图8-56），然后设置"蒙版羽化"为25.0。

步骤10 在序列中选中"金色文字"剪辑，在"效果控件"面板中编辑"位置"动画，制作文字从山峰后面升起的动画效果。在"节目"面板中预览文本动画效果，如图8-57所示。

图8-56　绘制蒙版路径

图8-57　文本动画效果

↘ 三、制作文字溶解消散效果

下面制作文字溶解消散效果，使文字从画面中逐渐溶解消散。

效果——文字
溶解消散

制作溶解素材

1. 制作溶解素材

要制作文字溶解消散效果，需要用到溶解素材，使用After Efftect可以快捷地制作溶解素材，具体操作方法如下。

步骤 01 启动After Efftect CC 2019，新建合成，设置"宽度""高度""帧速率""持续时间"等参数，如图8-58所示。

步骤 02 新建纯色图层，并为纯色图层添加"分形杂色"效果，在"合成"面板中预览"分形杂色"效果，如图8-59所示。

图8-58　新建合成

图8-59　预览"分形杂色"效果

步骤 03 在"效果控件"面板中设置"对比度"参数为1000.0，展开"变换"选项，设置"缩放"参数为150.0，如图8-60所示。展开"演化选项"，根据需要调整"随机植入"参数，使画面中的杂色随机变化至想要的效果，如图8-61所示。

图8-60 设置"对比度"和"缩放"参数　　　　图8-61 设置"随机植入"参数

步骤 **04** 在"合成"面板中预览此时的画面效果，如图8-62所示。

步骤 **05** 将时间指示器移至最左侧，在"分形杂色"效果中启用"亮度"动画，设置"亮度"参数为－500.0，使画面变成全黑色，如图8-63所示。将时间指示器移至第4秒的位置，设置"亮度"参数为500.0，使画面变为全白色。

图8-62 画面效果　　　　　　　　　　图8-63 设置"亮度"参数

步骤 **06** 选中纯色图层，按【U】键显示关键帧，将第4秒位置的关键帧复制到第6秒，将第0秒的关键帧复制到第10秒，使画面由白变黑，如图8-64所示。制作完成后，即可导出视频。

图8-64 复制与调整关键帧

2．制作文字溶解动画

下面在Premiere Pro CC 2019中使用"轨道遮罩键"效果，结合制作的溶解素材制作文字溶解动画，具体操作方法如下。

制作文字溶解
动画

步骤 01 打开"素材文件\项目八\文字出现和消失效果.prproj"项目文件，将溶解素材导入项目，双击"溶解素材"视频素材，在"源"面板中对杂色由白变黑的部分标记入点和出点，如图8-65所示。

步骤 02 将"溶解素材"视频素材添加到序列的V4轨道上，如图8-66所示。

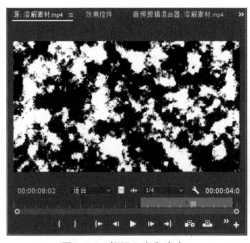

图8-65　标记入点和出点

图8-66　添加"溶解素材"视频素材

步骤 03 为"金色文字"剪辑添加"轨道遮罩键"效果，设置"遮罩"为"视频4"，"合成方式"为"亮度遮罩"，如图8-67所示。

步骤 04 根据需要调整"溶解素材"视频素材的大小和位置，在"节目"面板中预览文字溶解效果，如图8-68所示。

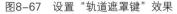

图8-67　设置"轨道遮罩键"效果

图8-68　文字溶解效果

步骤 05 在"溶解素材"视频素材的入点位置对"金色文字"剪辑进行分割（见图8-69），并对分割后左侧的文字剪辑禁用"轨道遮罩键"效果。

步骤 06 将"粒子消散"视频剪辑添加到V5轨道上，如图8-70所示。

图8-69　分割文字剪辑　　　　　　　图8-70　添加"粒子消散"视频剪辑

步骤 07 调整"粒子消散"视频剪辑的大小和位置，在"效果控件"面板的"不透明度"效果中设置"混合模式"为"滤色"，编辑"不透明度"动画，制作粒子消失动画，如图8-71所示，然后使用钢笔工具创建蒙版。

步骤 08 在"节目"面板中调整蒙版路径和蒙版羽化，如图8-72所示。

图8-71　设置"不透明度"效果　　　图8-72　调整蒙版路径和蒙版羽化

步骤 09 打开"Lumetri颜色"面板，调整RGB曲线，增加红色和绿色，减少蓝色，然后降低曝光度，使白色粒子变为黄色，如图8-73所示。

步骤 10 在"节目"面板中预览粒子消散动画效果，如图8-74所示。

图8-73　调整RGB曲线　　　　　图8-74　粒子消散动画效果

四、制作镂空文字动画效果

下面将制作镂空文字动画效果，用文字作为遮罩蒙版，显示下层的视频画面，具体操作方法如下。

步骤 **01** 打开"素材文件\项目八\镂空文字动画.prproj"项目文件，打开序列，使用文字工具输入文本并设置文本格式，如图8-75所示。

步骤 **02** 打开"效果控件"面板，在文本效果中展开"变换"选项，启用"缩放"和"锚点"动画，添加第1个关键帧；然后将播放指示器向右拖动一段距离，手动添加第2个关键帧，设置"缩放"参数为1000。选中文本效果，根据需要调整"锚点"参数，如图8-76所示。

效果——镂空
文字动画

制作镂空文字
动画效果

图8-75　输入文本并设置文本格式

图8-76　设置关键帧参数（1）

步骤 **03** 在"节目"面板中预览此时的画面效果，如图8-77所示。

步骤 **04** 将播放指示器移至第1个关键帧的位置，设置"锚点"参数与第2个关键帧相同，然后将"缩放"参数设置为4000，如图8-78所示。

图8-77　画面效果

图8-78　设置关键帧参数（2）

步骤 **05** 将播放指示器再向右移动一段距离，手动添加第3个"锚点"关键帧，使"锚点"参数保持不变，然后调整"缩放"参数，使画面中只留下"额尔古纳河"文字，如图8-79所示。

步骤 **06** 在"节目"面板中预览画面效果，如图8-80所示。

步骤 **07** 选中"缩放"和"锚点"的第3个关键帧，然后按住【Alt】键将其向右拖动，以复制关键帧，如图8-81所示。

步骤 **08** 将播放指示器再向右移动一段距离，然后分别单击"缩放"和"锚点"属性中的"重置"按钮 ，如图8-82所示。根据需要调整各关键帧的位置，以改变动画速度。

图8-79　设置关键帧参数

图8-80　画面效果

图8-81　复制关键帧

图8-82　重置关键帧参数

步骤09 在序列中为视频剪辑添加"轨道遮罩键"效果，设置"遮罩"为"视频2"，"合成方式"为"Alpha遮罩"，如图8-83所示。

步骤10 在"节目"面板中预览镂空文字效果，如图8-84所示。

图8-83　设置"轨道遮罩键"效果　　图8-84　镂空文字效果

步骤11 在序列中选中文本剪辑，在工具面板中选择矩形工具█，然后在"节目"面板中绘制矩形，使其填充整个画面，此时将显示整个画面，如图8-85所示。

图8-85　绘制矩形

步骤 12 在"效果控件"面板的形状效果中展开"变换"选项，启用"不透明度"动画，添加4个关键帧，设置"不透明度"参数分别为0.0%、30.0%、30.0%、100.0%，如图8-86所示。

图8-86　编辑形状的"不透明度"动画

步骤 13 在"节目"面板中预览镂空文字效果，可以看到此时视频画面由透明变为半透明，然后完全显示，如图8-87所示。

步骤 14 将播放指示器移至视频画面开始完全显示的位置，然后将文本剪辑复制到V3轨道上，并对其入点进行修剪（见图8-88），清除文本中的形状。

图8-87　镂空文字效果

图8-88　复制并修剪文本剪辑

步骤 15 展开V3轨道，在文本剪辑的左侧编辑"不透明度"动画，使文本与画面同时逐渐显示，如图8-89所示。

步骤 16 为V3轨道上的文本设置阴影效果，在"节目"面板中预览视频效果，如图8-90所示。

图8-89　编辑"不透明度"动画

图8-90　视频效果

项目实训

1. 打开"素材文件\项目八\项目实训\字幕1.prproj"项目文件，为短视频添加字幕并编辑字幕。

操作提示：在"基本图形"面板中设置文本格式；使用蒙版制作文字动画，然后锁定开场和结尾的持续时间；为文本添加背景形状。

2. 打开"素材文件\项目八\项目实训\字幕2.prproj"项目文件，为短视频添加歌词字幕。

操作提示：使用"旧版标题"命令制作歌词字幕；利用"序列自动化"功能添加字幕；为字幕制作统一的动画效果。

项目九
短视频剪辑综合实训案例

【学习目标】

知识目标	掌握剪辑旅拍Vlog的方法； 掌握剪辑宣传片短视频的方法
核心技能	能够对散乱的镜头进行合理的衔接； 能够对背景音乐和旁白进行剪辑； 能够依据背景音乐调整视频的节奏； 能够添加合适的视频效果、制作视频转场效果； 能够对视频进行统一调色和风格化调色； 能够添加字幕并制作字幕动画
素养目标	培养家国情怀，传承中华民族传统文化； 聚焦新时代，推动文化繁荣、建设文化强国

【内容体系】

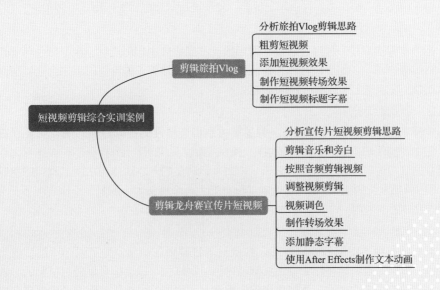

【项目导语】

　　未来短视频行业的门槛会越来越高，精通短视频剪辑技能可以帮助我们在这个行业中走得更远，提升竞争力。本项目将通过制作旅拍Vlog与龙舟赛宣传片短视频两个综合实训案例对短视频剪辑的流程和技巧进行深入讲解，让读者进一步学习与巩固使用Premiere剪辑短视频的方法与技巧。

任务一　剪辑旅拍Vlog

效果——旅拍
Vlog

　　本案例将制作一个景区旅拍Vlog，通过本案例的制作，读者可进一步掌握短视频剪辑技巧，包括对散乱镜头的合理排序、剪辑速度的控制、镜头转场的设计、画面稳定性的修复、视频效果的添加，以及标题字幕动画的制作等。

↘ 一、分析旅拍Vlog剪辑思路

　　在旅拍Vlog的拍摄过程中存在很多不确定的因素，途中看到的很多事物可能并不在拍摄计划中，拍摄者不仅要根据已定的拍摄路线和目标拍摄物进行拍摄，还要根据旅行过程中看到的场景即兴发挥。这种拍摄的不确定性给后期剪辑提供了更多的剪辑空间。但在开放式的环境下，旅拍Vlog的剪辑也有规律可循。

　　旅拍Vlog主要有以下5种典型的剪辑手法。

　　1. 排比剪辑法

　　排比剪辑法一般用于对多组不同场景、相同角度或相同行为的镜头进行组接。

　　2. 相似物剪辑法

　　相似物剪辑法是一种通过寻找不同场景、不同物体中相似形状、相似颜色等元素进行素材组接的方法，如飞机和鸟、建筑模型和摩天大楼等。这种剪辑手法会让视频画面产生动感，在视觉上形成酷炫的转场特效。

　　3. 逻辑剪辑法

　　逻辑剪辑法是一种注重素材之间逻辑关系和连贯性的视频剪辑方法，它要求在剪辑过程中，确保事物A和事物B的动作、镜头A和镜头B的运动等相互匹配或连贯，以符合观众的认知逻辑和观看习惯。例如，将跳水运动员的入水动作与水面上溅起的水花组接；镜头A与镜头B相关或相连贯运动匹配，如上一个镜头为小朋友在写作文，下一个镜头为作文本上的内容。

　　4. 混剪法

　　混剪法是指将拍摄到的风景和人物素材混合剪辑在一起。为了混而不乱，剪辑人员在挑选素材时要将风景和人物镜头穿插排列，这样做可以使视频呈现出特别的分镜效果，即使没有特定的情节，看起来也不会单调。为了更好地使用混剪法，拍摄者在拍摄同一画面时，要多角度拍摄，并使用运动镜头，以增强画面张力。

5. 环形剪辑法

如果剪辑人员不知道如何处理拍摄的素材，可以使用环形剪辑法，以免把旅拍Vlog剪辑成"流水账"。环形剪辑法是指从A点出发，途径B、C、D点，再巧妙地回到A点的剪辑方式。例如，在拍摄游客某一天的行程时，从旅馆出发，路上经过很多地方，最后又回到旅馆。在剪辑画面时，要配合音乐节奏，以增强旅拍Vlog的节奏感。

↘ 二、粗剪短视频

下面先创建项目并导入所需的素材，对Vlog中用到的视频素材进行剪辑。在剪辑时以音乐节奏为剪辑依据，并对视频剪辑进行变速处理，利用镜头运动、构图的相似性实现镜头之间的转场，具体操作方法如下。

粗剪短视频

步骤01 创建"旅拍Vlog"项目，然后将视频、音频等素材文件导入"项目"面板中。单击"新建项"按钮█，在弹出的列表中选择"序列"选项，如图9-1所示。

步骤02 在弹出的"新建序列"对话框中设置"时基""帧大小"等参数，如图9-2所示。设置序列名称为Vlog，单击"确定"按钮创建序列。

图9-1 选择"序列"选项

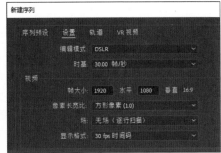

图9-2 新建序列

步骤03 在"项目"面板中双击"音乐"素材，在"源"面板中预览素材，在00:00:01:15的位置标记入点，在00:00:40:18的位置标记出点。播放音乐，在音乐节奏点位置按【M】键添加标记（见图9-3），然后将"音乐"素材拖至序列的A1轨道上。

步骤04 在"项目"面板中双击01视频素材，在"源"面板中标记入点和出点，如图9-4所示，然后拖动"仅拖动视频"按钮█到序列的V1轨道上。

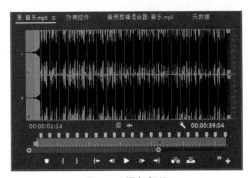

图9-3 添加标记

图9-4 标记入点和出点

步骤05 在序列中锁定A1轨道，继续添加02视频剪辑到V1轨道上。展开V1轨道，使用"时间重映射"功能对视频剪辑进行变速处理，并对视频剪辑进行修剪，使其剪辑点位于音频标记附近，如图9-5所示。

步骤06 采用同样的方法添加其他视频剪辑并进行变速处理，对于需要倒放的视频剪辑（如08视频剪辑），按【Ctrl+R】组合键打开"剪辑速度/持续时间"对话框，选中"倒放速度"复选框，然后单击"确定"按钮，如图9-6所示。

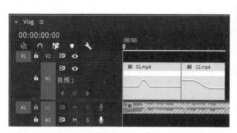

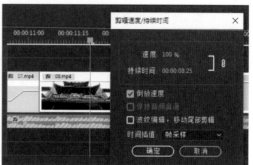

图9-5 对视频剪辑进行变速处理并修剪视频   图9-6 设置视频剪辑倒放

📖 **课堂拓展**

要使运动镜头产生动态模糊效果，可以打开"剪辑速度/持续时间"对话框，设置"速度"参数，然后在"时间插值"下拉列表中选择"帧混合"选项。

步骤07 用鼠标右键单击08视频剪辑，选择"嵌套"命令，在弹出的对话框中输入名称08，单击"确定"按钮，即可创建08嵌套序列，然后使用"时间重映射"功能对其进行变速处理，如图9-7所示。

步骤08 采用同样的方法，对11视频剪辑进行倒放和变速处理，如图9-8所示。

图9-7 创建嵌套序列并进行变速处理   图9-8 对视频剪辑进行倒放与变速处理

步骤09 对于利用相似镜头运动进行转场的视频剪辑，要对其剪辑点和速度进行精确调整，使视频剪辑能够流畅地进行镜头转换。短视频粗剪完成后，在"节目"面板中预览视频整体效果，图9-9所示为部分镜头画面。

图9-9　短视频粗剪效果

添加短视频效果

↘ 三、添加短视频效果

下面对视频剪辑效果进行调整，如调整视频剪辑构图、添加模糊效果、对视频进行稳定处理、对视频颜色进行校正等，具体操作方法如下。

步骤01 在序列中选中03视频剪辑并创建03嵌套序列，然后为其添加"变形稳定器"效果，在"效果控件"面板中设置"平滑度"参数为10%，如图9-10所示。根据需要为其他需要进行稳定处理的视频剪辑添加并设置"变形稳定器"效果。

步骤02 选中08视频剪辑，在"效果控件"面板中设置"缩放"参数为111.0，然后调整"位置"参数，使画面主体居中，如图9-11所示。

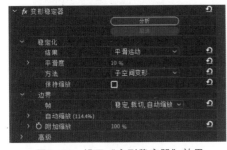

图9-10　设置"变形稳定器"效果

图9-11　设置"缩放"和"位置"参数

步骤03 在"节目"面板中预览画面构图调整前后的对比效果，如图9-12所示。

图9-12　画面构图调整前后的对比效果

步骤04 创建调整图层，然后将其添加到21视频剪辑尾部的上方。为调整图层添加"高斯模糊"效果，设置"模糊尺寸"为"垂直"，选中"重复边缘像素"复选框，启用"模糊度"动画，添加两个关键帧，分别设置"模糊度"参数为0.0、150.0，如图9-13所示。

步骤 05 在"节目"面板中预览画面模糊效果，如图9-14所示。

图9-13 设置"高斯模糊"效果

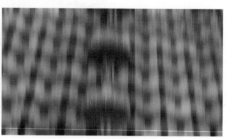

图9-14 画面模糊效果

步骤 06 在序列中选中15视频剪辑，打开"Lumetri颜色"面板，在"基本校正"选项组中调整各项色调参数，如图9-15所示。

步骤 07 在"RGB曲线"选项中调整白色曲线，降低暗部亮度，如图9-16所示。

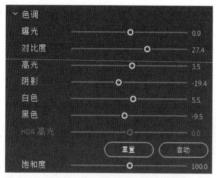

图9-15 颜色基本校正

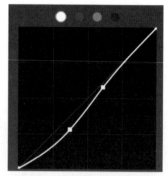

图9-16 调整白色曲线

步骤 08 在"节目"面板中预览短视频调色前后的对比效果，如图9-17所示。

图9-17 短视频调色前后的对比效果

↘ 四、制作短视频转场效果

下面制作转场效果，包括光效转场效果、抽象前景转场效果、蒙版运动转场效果等，具体操作方法如下。

步骤 01 在"源"面板中对"光效"素材进行修剪，然后将其添加到02和03视频剪辑组接位置的上方轨道中，如图9-18所示。

步骤 02 在"效果控件"面板的"不透明度"效果中设置"混合模

制作短视频转场
效果

式"为"滤色",制作光效转场效果。在"节目"面板中预览光效转场效果,如图9-19所示。还可根据需要使用蒙版对所需的光效部分进行裁剪。

图9-18 添加"光效"素材

图9-19 光效转场效果

步骤 **03** 将播放指示器移至要制作抽象前景的位置,在此将其移至00:00:04:27的位置,在"节目"面板中单击"导出帧"按钮,如图9-20所示。

步骤 **04** 在弹出的"导出帧"对话框中单击"确定"按钮,即可将当前帧保存为图片。将图片剪辑添加到序列中并修剪图片剪辑,将其移至视频剪辑的转场位置,如图9-21所示。

图9-20 单击"导出帧"按钮

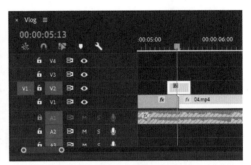

图9-21 添加并修剪图片剪辑

步骤 **05** 在"效果控件"面板的"不透明度"效果中选择钢笔工具,在"节目"面板中绘制蒙版路径,调整"蒙版羽化""蒙版扩展"等参数;然后为图片剪辑添加"高斯模糊"效果,根据需要调整"模糊度"参数,如图9-22所示。

步骤 **06** 在"节目"面板中预览图片效果,如图9-23所示。

图9-22 设置蒙版和"高斯模糊"效果

图9-23 图片效果

步骤07 在"效果控件"面板中设置"缩放"参数为240.0，启用并编辑"位置"动画，制作图片从左向右运动的动画，以制作抽象前景转场效果，如图9-24所示。

步骤08 在序列中选中图片剪辑，按住【Alt】键的同时按【←】或【→】键以精确调整图片剪辑的位置，然后在"节目"面板中预览抽象前景转场效果，如图9-25所示。

图9-24　编辑"位置"动画

图9-25　抽象前景转场效果

步骤09 在序列中选中19视频剪辑，该剪辑画面为人物用手推开窗口。在"效果控件"面板的"不透明度"效果中选择钢笔工具，创建蒙版，选中"已反转"复选框，然后在"节目"面板中使用钢笔工具沿着窗户打开的缝隙绘制蒙版。启用"蒙版路径"动画，在"节目"面板中逐帧调整蒙版路径，直到窗户完全打开，如图9-26所示，制作蒙版运动转场效果。

步骤10 在"节目"面板中预览蒙版运动转场效果，可以看到随着窗户的打开，19视频剪辑下层的视频画面逐渐显示，如图9-27所示。蒙版运动转场效果制作完成后，将19视频剪辑创建为19嵌套序列，然后对嵌套序列进行变速处理。

图9-26　创建蒙版并编辑"蒙版路径"动画

图9-27　蒙版运动转场效果

对于短视频中其他不流畅的视频转场，可以为视频剪辑添加"交叉溶解"过渡效果，并对视频剪辑进行叠加。视频转场效果添加完成后，预览视频整体效果，然后根据需要在视频加速或转场位置添加音效。

↘ 五、制作短视频标题字幕

制作短视频标题字幕

下面为短视频添加标题字幕，并制作字幕动画，具体操作方法如下。

步骤01 创建颜色遮罩，并设置颜色为黑色，然后将颜色遮罩剪辑重命名为"黑色"。

将"黑色"剪辑添加到最后1个视频剪辑的上方，展开V2轨道，编辑"不透明度"动画，如图9-28所示。

步骤 02 使用文字工具逐个输入标题文字，即输入完一个文字后在序列中选中文本剪辑，使用文字工具在画面的其他位置单击后再次输入，以形成4个文本图层。打开"基本图形"面板，调整文本图层的顺序，然后分别选中文本图层，设置各图层的文本样式，并根据需要调整文字的位置，进行简单的排版，如图9-29所示。

图9-28 添加颜色遮罩并编辑"不透明度"动画　　图9-29 在"基本图形"面板中编辑文本

步骤 03 在"节目"面板中预览标题文字效果，如图9-30所示。

步骤 04 在"效果控件"面板中选中"长"字，展开"变换"选项，调整"锚点"参数，使文本的锚点位于文字下方；然后启用并编辑"缩放"和"不透明度"动画，制作文字缩小淡入的动画效果，如图9-31所示。制作完成后，采用同样的方法编辑其他文字动画，并向右逐个移动关键帧，使文字逐个进入。

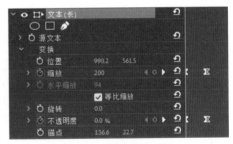

图9-30 标题文字效果　　　　　　　　　图9-31 编辑文本动画

步骤 05 根据需要调整"矢量运动"效果中的"位置"参数，以改变文本位置，然后启用并编辑"缩放"动画，制作文本缩小动画，如图9-32所示。

步骤 06 在"节目"面板中预览标题字幕效果，如图9-33所示。

图9-32 设置"矢量运动"效果　　　　　图9-33 标题字幕效果

任务二　剪辑龙舟赛宣传片短视频

本案例将制作一个龙舟赛宣传片短视频，通过制作宣传片短视频，读者可以进一步巩固前面所学的知识。在制作过程中，要注意音频节奏、动作衔接、转场效果、画面效果、动态字幕等的处理。

效果——龙舟赛
宣传片短视频

一、分析宣传片短视频剪辑思路

很多宣传片短视频的拍摄者凭借先进的设备可以完成基础的视频拍摄与制作，但要想获得更好的视觉效果，在剪辑过程中还需要注意以下几点。

1. 寻找剪辑点

短视频是否流畅、自然，要看每个画面的转换是否正好落在剪辑点上，该停的不停会显得拖沓，不该停的停了会产生跳跃感，只有剪辑得恰到好处才能使画面连贯且稳定、流畅且自然。人物动作或事件的转折点，如人弯腰、招手，从呆若木鸡到欣喜若狂等，都属于需要精确控制的剪辑点。剪辑人员需要拥有良好的节奏感，这样才能把握住每个剪辑点，从而制作出精彩的短视频。

2. 画面色调要统一

剪辑人员在剪辑宣传片短视频时，要处理各式各样的视频素材，不同视频素材的画面色调也许相差较大。这时，剪辑人员可以使用剪辑工具对色调进行调整，以保持视频画面色调的统一。

3. 处理好同期声

在剪辑宣传片短视频的过程中，一个重要的环节是同期声的处理。同期声是指在拍摄影像时记录的现场声音，包括现场音响和人物说话声等。同期声是重要的表现手段，可以起到烘托和渲染主题的作用，增强观众的参与感。合理地处理同期声可以让画面和声音更加协调，也能让声音更有质感。

4. 灵活处理特效与转场

如何处理特效与画面转场是后期制作中创作者需要考虑的问题。剪辑的画面长度和运用特效的转换时长不宜太短，否则可能使画面不连贯。在处理特效和转场时，创作者要灵活把握时间的间隔，从而让视频画面流畅、自然。

5. 添加字幕

添加字幕是制作宣传片短视频的重要一环，无论是片头字幕还是片尾字幕，都是宣传内容主题的直观表现。添加字幕可以让宣传片短视频的信息展示更加完整，也能增强短视频本身的趣味性。

二、剪辑音乐和旁白

下面先创建项目并导入所需的素材，然后对背景音乐和旁白进行剪辑，具体操作方法如下。

剪辑音乐和旁白

步骤 01 创建"龙舟赛宣传片"项目，然后将视频、音频等素材文件导入"项目"面板，如图9-34所示。

步骤 02 按【Ctrl+N】组合键打开"新建序列"对话框，新建"龙舟赛"序列，设置"时基""帧大小"等参数（见图9-35），然后单击"确定"按钮。

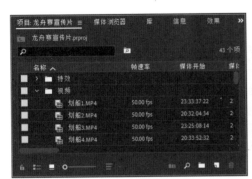

图9-34　导入素材文件　　　　　　　　图9-35　设置序列参数

步骤 03 在"项目"面板中双击"音乐1"音频素材，在"源"面板中预览音频素材。在00:00:03:15的位置标记入点，在00:00:17:14的位置标记出点，如图9-36所示，然后拖动"仅拖动音频"按钮到序列中。

步骤 04 在"音乐1"音频素材00:00:22:14的位置标记入点，在00:00:35:05的位置标记出点，然后将音频剪辑添加到序列中，对两个音频剪辑进行组接。选中两个音频剪辑，按【Shift+D】组合键添加默认的"恒定功率"音频过渡效果，如图9-37所示。

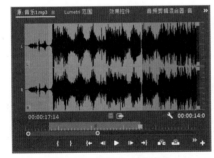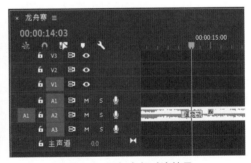

图9-36　标记入点和出点　　　　　　　图9-37　添加音频过渡效果

步骤 05 将旁白音频添加到A2轨道上，对音频左端的空白部分进行修剪，然后将音频移至00:00:02:18的位置，如图9-38所示。

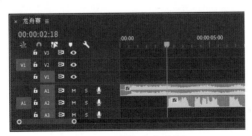

图9-38　添加旁白音频

步骤 06 在序列中可以看到旁白音频为单声道格式，用鼠标右键单击旁白音频，选择"音频声道"命令，在弹出的对话框中选中L和R复选框（见图9-39），然后单击"确定"按钮。

图9-39　设置音频声道

步骤 07 在序列中将旁白音频移至A3轨道上，将播放指示器移至音频中笛声响起的位置（即00:00:24:22的位置）。在"源"面板中对"音乐2"音频素材00:00:28:03和00:00:41:19的位置进行标记，将"音乐2"音频素材添加到A2轨道上，并移至播放指示器所在位置。在旁白音频中的"36支精英队伍 蓄势待发"语音前分割音频，并将分割后的音频与A2轨道上的音频对齐。展开A1轨道，为音乐的结尾部分添加音量关键帧并对其进行调整，制作音乐音量减小和淡出的效果，如图9-40所示。

步骤 08 在"源"面板中对"音乐3"音频素材00:00:03:21和00:00:27:05的位置进行标记，并将"音乐3"音频素材添加到A2轨道上，与前一个音频剪辑进行组接。展开A2轨道，为前一个音频剪辑的尾部添加音量关键帧并对其进行调整，制作音乐淡出效果，然后在两个音频剪辑之间添加"恒定功率"过渡效果，如图9-41所示。至此，音乐音频和旁白音频添加完毕，预览音频效果，并根据需要降低音乐的音量。

图9-40　添加并编辑"音乐2"音频素材

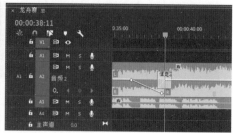

图9-41　添加并编辑"音乐3"音频素材

↘ 三、按照音频剪辑视频

下面按照剪辑好的音频文件对视频素材进行剪辑，具体操作方法如下。

步骤 01 双击"热身1"视频素材，在"源"面板中标记要使用的部分，如图9-42所示，然后拖动"仅拖动视频"按钮到序列的V1轨道上。

步骤 02 采用同样的方法添加"龙头""敲鼓3""热身2"等视频剪辑，在序列中修剪视频剪辑，使其与音乐的鼓点对齐，如图9-43所示。

按照音频剪辑视频

图9-42 标记视频素材

图9-43 添加视频剪辑

步骤 03 选中所有视频剪辑，按【Ctrl+R】组合键打开"剪辑速度/持续时间"对话框，单击 按钮断开链接，设置"速度"为60%，然后单击"确定"按钮，如图9-44所示。

步骤 04 新建黑场视频，并将其添加到V2轨道上，然后在V3轨道上添加文本剪辑，输入文本并设置文本格式，如图9-45所示。

图9-44 设置剪辑速度

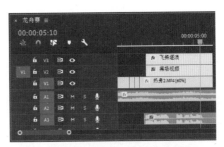

图9-45 添加黑场视频和文本剪辑

步骤 05 在"节目"面板中预览文本效果，如图9-46所示。该文本为旁白字幕中的重点内容，后续还会为其制作动画，像这样需要制作动画的字幕还有"竞渡是生生不息的传承""呼应着团结拼搏的荣光"旁白字幕及片尾字幕。

步骤 06 继续添加"拿船桨1"和"拿船桨2"视频剪辑，将第1个"拿船桨1"视频剪辑的播放速度调整为60%，使用"时间重映射"功能对第2个"拿船桨1"视频剪辑进行变速处理，将后半段的播放速度调整为300%，如图9-47所示。采用同样的方法添加其他视频剪辑，并对视频剪辑的播放速度进行调整。

图9-46 文本效果

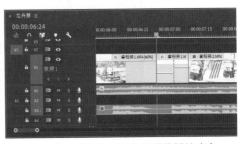

图9-47 添加视频剪辑并调整播放速度

步骤 07 根据需要对旁白位置进行调整，并按照音乐节奏和旁白修剪视频剪辑。对于利用相似动作完成转场的视频剪辑，需要精确修剪视频剪辑的组接位置，使前后镜头中人物的动作保持一致。例如，对"划船1"视频剪辑的出点和"划船近景1"视频剪辑的入点进行修剪，使人物的划桨动作保持一致，如图9-48所示。

图9-48　前后镜头中的人物动作保持一致

步骤 08 对于利用镜头相似运动进行转场的视频剪辑，使用"时间重映射"功能对视频剪辑的组接位置进行加速处理，例如，对"航拍2"视频剪辑的结尾部分和"航拍3"视频剪辑的开始部分进行加速调整，使镜头之间流畅地转换，如图9-49所示。

步骤 09 在00:00:48:26的位置配合密集的鼓点音效进行快节奏的剪辑，在2.5秒的时长中对14个视频剪辑进行修剪，其中第1个视频剪辑的长度为16帧，其他视频剪辑的长度均为5帧或6帧，如图9-50所示。

图9-49　对视频剪辑组接位置进行加速调整　　　　图9-50　快节奏剪辑

步骤 10 短视频粗剪完成后，在"节目"面板中预览视频整体效果，图9-51所示为部分镜头画面。

图9-51　视频整体效果

↘ 四、调整视频剪辑

下面对视频剪辑进行调整，包括调整视频剪辑的构图、添加简单的视频效果、为特定的视频剪辑添加音频等，具体操作方法如下。

调整视频剪辑

步骤01 在序列中选中"拿船桨1"视频剪辑，然后在"效果控件"面板中设置"缩放"参数为160.0，并根据需要设置"位置"参数。在"节目"面板中预览画面构图调整前后的对比效果，如图9-52所示。采用同样的方法，对其他视频剪辑的构图进行调整。

图9-52　画面构图调整前后的对比效果

步骤02 为"划船3"视频剪辑添加"水平翻转"效果。在"节目"面板中预览添加"水平翻转"效果前后的画面对比效果，如图9-53所示。

图9-53　添加"水平翻转"效果前后的画面对比效果

步骤03 创建调整图层，并将其添加到"航拍1"视频剪辑上方，如图9-54所示。

步骤04 为调整图层添加变换效果，启用并编辑"缩放"动画，添加两个关键帧，设置"缩放"参数分别为115.0、125.0，制作放大动画，如图9-55所示。

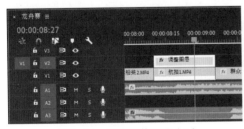

图9-54　添加调整图层（1）

图9-55　制作放大动画

步骤05 将调整图层添加到"群众1"视频剪辑上方，并修剪其时长为5帧，如图9-56所示。为调整图层添加"变换"效果，设置"缩放"参数为150.0。

步骤06 在"敲鼓1"视频剪辑上方添加调整图层，如图9-57所示。

图9-56　添加调整图层（2）

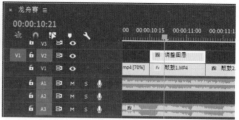

图9-57　添加调整图层（3）

步骤07 为调整图层添加"变换"效果，启用并编辑"缩放"动画，添加两个关键帧，设置"缩放"参数分别为100.0、300.0。在"不透明度"效果中设置"混合模式"为"变亮"，然后编辑"不透明度"动画，制作画面淡出效果，如图9-58所示。

步骤08 在"节目"面板中预览视频效果，可以看到画面放大弹出，如图9-59所示。

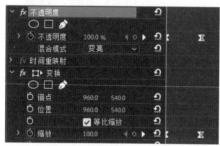

图9-58　编辑"缩放"和"不透明度"动画

图9-59　视频效果

步骤09 在序列中选中"敲鼓2"视频剪辑，选择"序列"|"匹配帧"命令，即可在"源"面板中匹配相应的剪辑，单击"仅拖动音频"按钮 ，显示相应的音频，如图9-60所示。

步骤10 在"源"面板中拖动"仅拖动音频"按钮 到序列的A4轨道上，并将音频剪辑置于"敲鼓2"视频剪辑下方，为视频剪辑添加音频剪辑，如图9-61所示。

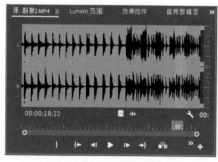

图9-60　匹配音频剪辑

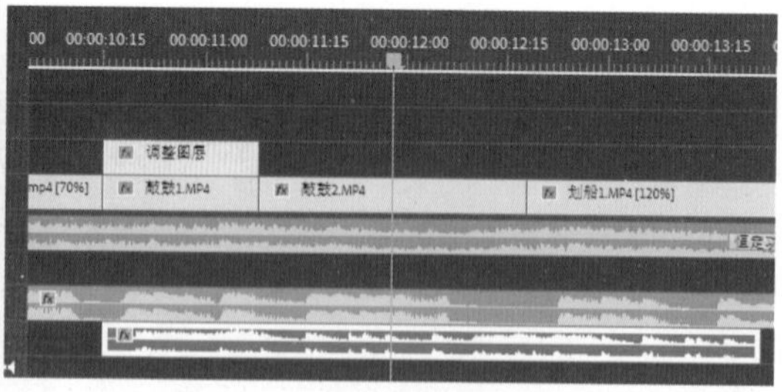

图9-61　修剪音频剪辑

步骤11 采用同样的方法，为"口号1"和"群众3"视频剪辑添加相应的音频剪辑，如图9-62所示。

步骤12 为序列最后的"口号3"视频剪辑添加音频剪辑，然后使用滚动编辑工具 向右修剪其与前一个剪辑之间的剪辑点，使"口号3"音频剪辑提前进入前一个视频剪辑中，如图9-63所示。

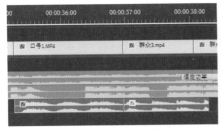

图9-62　添加音频剪辑

图9-63　使用滚动编辑工具修剪剪辑

五、视频调色

下面对短视频颜色进行校正和调整，并制作风格化的色彩效果，使画面色彩统一，具体操作方法如下。

视频调色

步骤01　在序列中选中"航拍1"视频剪辑，打开"Lumetri颜色"面板，在"基本校正"选项组中选择"白平衡选择器"工具，吸取画面中的白色区域以进行自动白平衡校正，然后调整各项色调参数，如图9-64所示。

步骤02　在"RGB曲线"选项中调整白色曲线，增加对比度，如图9-65所示。

步骤03　选择绿色曲线，添加多个控制点并调整绿色曲线，减少中间调的绿色，如图9-66所示。

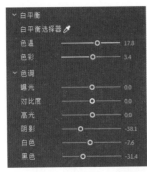

图9-64　颜色基本校正　　　　图9-65　调整白色曲线　　　　图9-66　调整绿色曲线

步骤04　在"节目"面板中预览调色前后的对比效果，如图9-67所示。

图9-67　调色前后的对比效果

步骤 05 在"色相与色相"曲线中添加控制点，将绿色向青色调整，如图9-68所示。

步骤 06 在"节目"面板中预览调色效果，如图9-69所示。

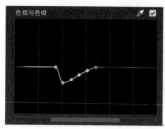 

图9-68 调整"色相与色相"曲线　　　　图9-69 调色效果

步骤 07 在序列中选中"拿船桨2"视频剪辑，采用同样的方法在"Lumetri颜色"面板中对其进行基本校正和曲线调色。在"节目"面板中预览调色前后的对比效果，如图9-70所示。调色完成后，在"效果控件"面板中选中并复制"Lumetri颜色"效果，将其粘贴到"拿船桨1"视频剪辑上。

图9-70 调色前后的对比效果

步骤 08 采用同样的方法对其他视频剪辑进行调色，然后在V4轨道上添加调整图层，调整调整图层的长度，使其覆盖整个短视频，如图9-71所示。

步骤 09 在"Lumetri颜色"面板中展开"创意"选项组，在"Look"下拉列表中选择"调色预设1"选项，调整"强度"参数为50.0，然后根据需要调整阴影色彩和高光色彩，在此将阴影色彩向绿色调整，将高光色彩向蓝色调整，如图9-72所示。调色完成后，展开"RGB曲线"选项，根据需要调整白色曲线，以调整短视频的整体亮度。

图9-71 添加调整图层　　　　　图9-72 创意调色

↘ 六、制作转场效果

下面为龙舟赛宣传片短视频制作转场效果，使视频剪辑的转场更加自然，富有创意。

1. 制作叠化类转场效果

叠化类转场是指上一个镜头中的画面出现在下一个镜头中，可以形成流畅的画面转场效果。除了可以通过叠加视频剪辑并调整不透明度来制作叠化类转场效果外，还可通过添加与编辑视频效果来制作。

下面利用混合模式和"渐变擦除"效果制作画面叠化的转场效果，具体操作方法如下。

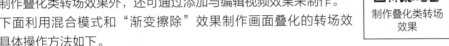

制作叠化类转场效果

步骤 01 在序列中为"航拍2"视频剪辑创建嵌套序列，然后在"效果控件"面板的"不透明度"效果中设置"混合模式"为"变暗"；编辑"不透明度"动画，添加两个关键帧，设置"不透明度"参数分别为0.0%、62.0%，如图9-73所示。

步骤 02 在"节目"面板中预览叠化转场效果，如图9-74所示。

图9-73　设置混合模式和"不透明度"关键帧

图9-74　叠化转场效果

步骤 03 在序列中选中"水花"视频剪辑，并为其添加"渐变擦除"效果，设置"过渡柔和度"为20%，"渐变图层"为"视频2"。启用并编辑"过渡完成"动画，添加4个关键帧，并设置"过渡完成"参数分别为0.0%、50.0%、60.0%、100.0%，如图9-75所示。

步骤 04 在"节目"面板中预览渐变擦除转场效果，如图9-76所示。

图9-75　设置"渐变擦除"效果

图9-76　渐变擦除转场效果

2. 使用特效素材制作转场效果

下面使用蒙版特效素材制作转场效果，具体操作方法如下。

使用特效素材制作转场效果

步骤 01 在"热身1"视频剪辑上方添加"擦除"蒙版素材，如图9-77所示。

步骤 02 为"热身1"视频剪辑添加"轨道遮罩键"效果，在"效果

211

控件"面板中设置"遮罩"为"视频2"，"合成方式"为"亮度遮罩"，然后选中"反向"复选框，如图9-78所示。

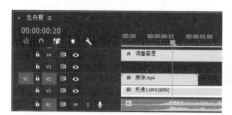 

图9-77　添加"擦除"蒙版素材　　　图9-78　设置"轨道遮罩键"效果

步骤03 在"节目"面板中预览蒙版转场效果，如图9-79所示。

图9-79　预览蒙版转场效果

↘ 七、添加静态字幕

下面为龙舟赛宣传片短视频添加静态字幕，包括旁白字幕和活动信息字幕，具体操作方法如下。

步骤01 在序列中将播放指示器移至旁白开始的位置，使用文字工具在"节目"面板中输入字幕文本，如图9-80所示。

步骤02 打开"基本图形"面板，在"文本"选项组中设置字体、字号、对齐方式、外观等文本样式，如图9-81所示。

添加静态字幕

图9-80　输入字幕文本　　　　　图9-81　设置文本样式

步骤03 在"主样式"下拉列表中选择"创建主文本样式"选项，在弹出的对话框中输入样式名称，然后单击"确定"按钮，如图9-82所示。

图9-82　创建文本样式

步骤04 在序列中对文本剪辑进行修剪，然后按住【Alt】键向右拖动文本剪辑进行复制，并根据旁白音频修改文字，如图9-83所示。

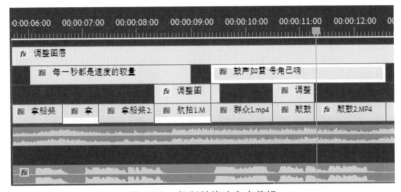

图9-83　复制并修改文本剪辑

步骤05 在工具面板中选择矩形工具█，然后在"节目"面板中绘制矩形，在"基本形状"面板中设置填充颜色为红色，描边颜色为黑色，效果如图9-84所示。

步骤06 在序列中选中图形剪辑，然后使用文字工具输入活动日期和活动主题文本，如图9-85所示。调整文本剪辑的长度，使其覆盖整个短视频。

图9-84　矩形效果

图9-85　添加文本

↘ 八、使用After Effects制作文本动画

下面使用After Effects CC 2019为短视频中重要的字幕制作文本入场和出场动画，使短视频更具动感，具体操作方法如下。

步骤01 在序列中选中文本剪辑并单击鼠标右键，选择"使用After Effects合成替换"命令，如图9-86所示，启动After Effects CC 2019。

使用 After
Effects 制作文
本动画

213

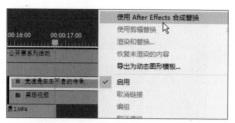

图9-86　选择"使用After Effects合成替换"命令

步骤02 在弹出的"另存为"对话框中选择保存位置，输入文件名，单击"确定"按钮，保存文件，如图9-87所示。

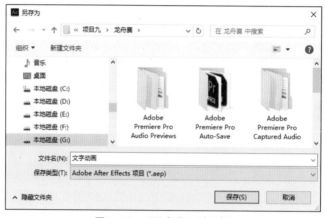

图9-87　"另存为"对话框

步骤03 在After Effects中双击合成将其打开，然后选中文字，在"字符"面板中设置文字格式，在"合成"面板中预览文字效果，如图9-88所示。

步骤04 展开文本图层，单击"动画"按钮，在弹出的列表中选择"启用逐字3D化"选项，然后选择"位置"和"不透明度"选项，即可添加"动画制作工具1"。展开"动画制作工具1"选项，设置"位置"属性中的z坐标参数为-2000.0，"不透明度"参数为0%，如图9-89所示。

图9-88　文字效果

图9-89　添加动画并设置参数

步骤05 在"动画制作工具1"中展开"范围选择器1"选项，然后展开"高级"选项，设置"依据"为"行"，"形状"为"上斜坡"，"缓和高"为-100%，"随机排序"为"开"，如图9-90所示。

步骤 06 在"范围选择器1"中启用"偏移"动画，设置"偏移"参数为-100%（见图9-91），然后将时间指示器移至第20帧位置，设置"偏移"参数为100%，即可制作出文字逐行缩小进入的动画。在文本图层尾部添加两个"偏移"关键帧，并分别设置参数为100%和-100%，制作文字逐行放大消失的动画。

图9-90　设置范围选择器的"高级"选项

图9-91　编辑"偏移"动画

步骤 07 为文本图层添加"动画制作工具2"并添加"位置"属性，启用并编辑"位置"动画，添加4个关键帧并分别设置z坐标参数为0.0、600.0、600.0、-300.0，然后选中4个关键帧并按【F9】键添加缓动效果，如图9-92所示。按【Ctrl+S】组合键，保存项目文件。

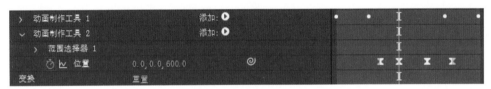

图9-92　编辑"位置"动画

步骤 08 切换到Premiere Pro CC 2019，在"节目"面板中预览文本动画，如图9-93所示。文本动画制作完成后，在文本入场和出场的位置添加相应的音效素材。

步骤 09 采用同样的方法，使用After Effects CC 2019制作其他文本动画，图9-94所示为片尾的文本动画。至此，本案例制作完成，预览整体效果，检查无误后按【Ctrl+M】组合键导出短视频。

图9-93　文本动画

图9-94　片尾文本动画

项目实训

　　打开"素材文件\项目九\项目实训"文件夹，使用提供的视频素材剪辑旅拍Vlog短视频。

　　操作提示：在音乐的鼓点位置添加标记，根据音乐对视频剪辑进行变速调整，利用蒙版制作转场效果，修复画面抖动，对视频剪辑进行统一调色。